ペットの命と生きる本

ペットロスを乗りこえるための
トライアングルケア

著　サニー カミヤ

緑書房

はじめに

ペットは私たちにとってたんなる動物ではありません。かけがえのない存在であり、家族の一員です。日々の喜びや悲しみを分かち合い、無条件の愛情を注ぐ存在。そんなペットとの絆は、ときに人間関係以上に深く、強いものとなります。さらに近年は、獣医療の著しい発展や飼養環境の改善などの飼い主の配慮によって、ペットの寿命は大幅に延びています。なかでも最も身近な犬や猫では平均寿命が15歳に迫る勢いです。ペットとともに過ごす年月が長くなることはもちろん喜ばしいことですが、それに伴って別れの喪失感も大きなものになっています。

すべての生きものには寿命があります。そしていくら寿命が長くなったとしても、多くのペットは人の寿命には及びません。つまりペットと暮らしている以上、愛するペットを看取る日がほとんどの人に来てしまうのです。事故、病気、寿命、逸走などさまざまなケースがあります。病気や寿命の場合、弱っていくペットを見守る介護の日々もつらいものです。死が近づいた日から命が尽きる日まで「もっと何かできることはないか」「苦しみや痛みを和らげてあげられないか」といった思いに苛まれます。そしてそれはペットの死後も後悔というかたちで続いていくことがあります。

悲しみや後悔の念は心だけでなく体も蝕んでいきます。実際、ペットを亡くした経験がある飼い主のうち約45％が「不眠」「食欲不振・異常」「腹痛・頭痛」などの身体的不調、抑うつ状態といった精神的不調を経験しているという調査結果もあるのです。

家族の一員である大切な存在を失ったのですから、このような反応は決して特別なものではありません。ペットロスを経験すると、大なり小なり悲しみによって日常生活に支障が出ます。とはいえ、もちろん無理に悲しみを我慢する必要はありませんし、長期の悲嘆により飼い主自身の心身に支障をきたすことは、亡くなったペットだって望んでいないはずです。ペットの終末期から死後まで、適切なケアを行うことで、ペットの最期を穏やかに迎え、その後の人生を前向きに歩んでいくことは、ペットを安心して天国に旅立たせることにもつながります。

私は、日本国際動物救命救急協会の代表理事として、ペットの命を守る活動（ペットセーバー講習会、エキゾチックペットセーバー講習会など）に取り組むなかで、多くのペットと飼い主の深い絆と愛にふれてきました。大切なペットを亡くし、ペットロスに苦しむ飼い主にもこれまでたくさん会ってきています。

ハワイのマウイ島での牧師としての経験も、私のペットロスケアへの取り組みに大きな影響を与えました。そこで出会ったシャーマンたちから、命の循環や魂のケアについて多くを学び、ペットの終末期から魂となった命や新しい命に対する向き合い方に至るまで、西洋医学的な視点と伝統的な魂のケアの考え方を融合させた独自のアプローチを形成しました。ペットを家族の一員として捉え、ペットを失った飼い主の心の負担を深く理解し、適切なサポートを提供することが私の使命のひとつでもあります。

そして、これらの知見を活かし、全国各地でトライアングルケア講習会を開催してきました。私が提唱しているトライアングルケアは、ペットが虹の橋を渡るプロセスを次の3つの段階に分けて考える方法です。

①ターミナルケア（終末期ケア）

ペットの残された時間をいかに快適に、そして尊厳をもって過ごせるようにするかを考えます。痛みの管理や環境の整備など、医療的なアプローチと日常のケアの両面から取り組みます。また、ターミナルケアには飼い主に対するサポートも含まれます。

②グリーフケア（祝別ケア）

ペットの死後、飼い主が自身の深い悲しみに向き合い、その感情を受け入れ、乗りこえ

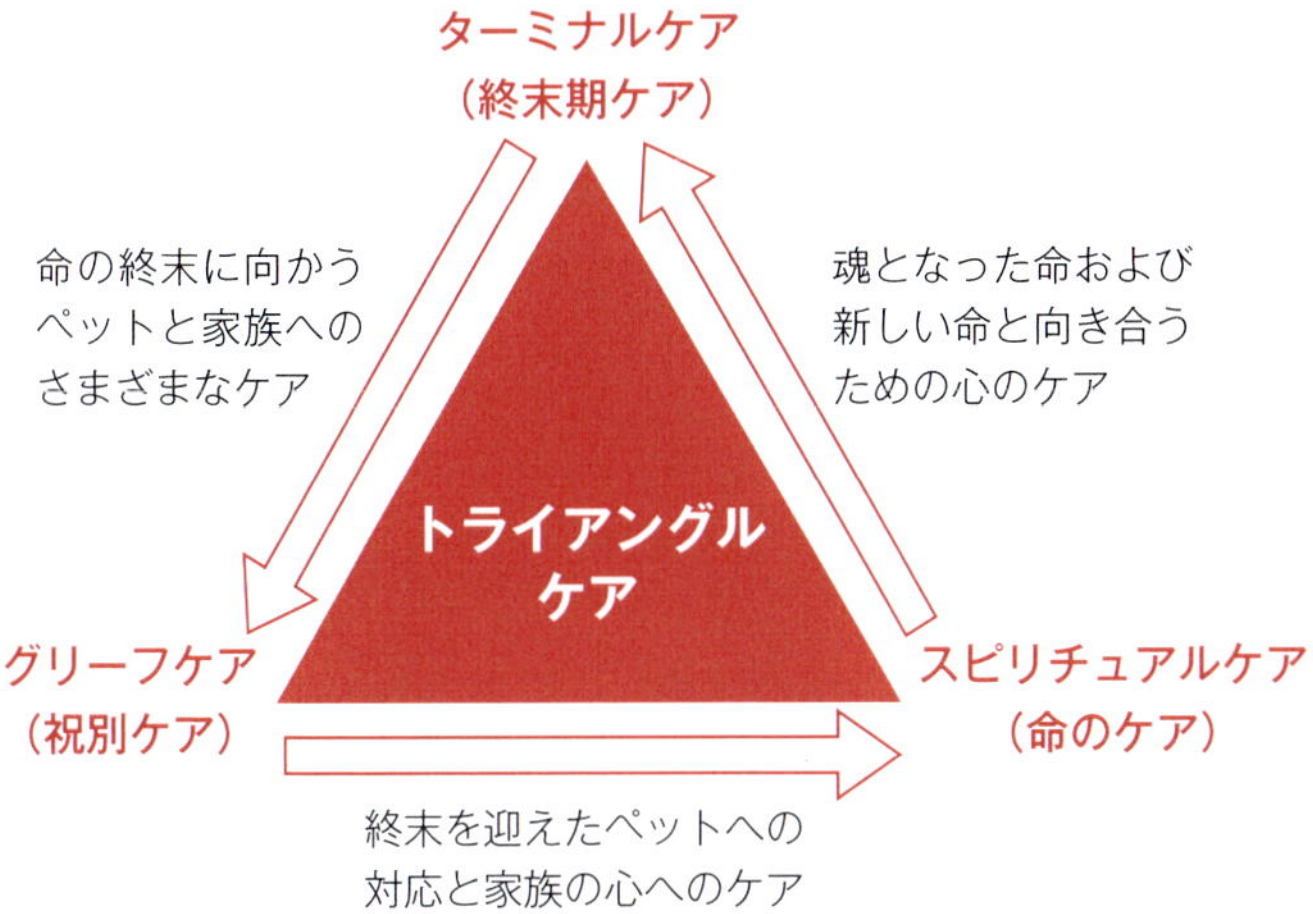

ていくまでのケアを指します。悲しみのプロセスを理解し、自分のペースで回復していくことを目指します。

③スピリチュアルケア（命のケア）

ペットの死をたんなる「終わり」ではなく、新たなかたちでの存在の始まりとして捉えます。ペットとの絆はかたちを変えても永遠に続くという考えのもと、心のなかでペットとの関係を続けていけるようにしていきます。

これらのケアを通じて、ペットが虹の橋を渡るまでの全プロセスをサポートし、飼い主の心の回復を助けます。ペットの最期はつらく悲しいものです。しかし、適切な知識と心構えがあれば、その時間を少しでも穏やかに、そして意味深いものにすることができます。本書を通じて、みなさんがペットとの時間を大切に過ごし、その後の人生も前向きに歩んでいけるよう、サポートしたいのです。

第1章では、ターミナルケア（終末期ケア）について解説します。ペットの痛みや不快感を和らげる方法、快適な環境づくり、そして飼い主自身のケアについての具体的なアドバイスなどをまとめています。ペットの状態に応じたケアの方法、獣医師との連携の仕方、そして家族全員でペットを支える方法などを学ぶことができます。

第2章は、グリーフケア（祝別ケア）にまつわる問題を扱います。ペットロスによる悲しみのプロセスを理解し、それを健全に乗りこえていくための実践的なアドバイスとサポート方法をまとめています。それぞれの段階で経験する感情について詳しく説明し、その対処法を提案するとともに、ペットの葬儀や追悼の方法、思い出の残し方なども紹介しています。

第3章では、スピリチュアルケア（命のケア）について考えていきます。ペットとの絆を新たなかたちで継続していく方法や、ペットの死を通じて学ぶ命の尊さまで考えを深めることで、日々の生活のなかでペットの存在を感じる方法を紹介しています。また、悲しみを受け入れ、新しい命を迎えることの意義についても言及しています。

本書は、ペットとの別れを経験する前の人にも、すでに経験された人にも役立つ情報をふんだんに盛り込んでいます。ペットとの絆を大切にし、その生涯を通じて、そしてその後も続く愛情の旅路をサポートする道標となることを目指しています。そして何より、この本を通じてみなさんに伝えたいのは、「ペットの命と生きること」です。別れは確かにつらいものですが、その経験を通じて私たちは成長し、より深い愛情と共感性をもつ人間になれるということです。ペットを失った悲しみは深い愛のかたちであり、死別によって愛や幸福がなくなることは永遠にありません。

ペットの最期を迎えることは、私たち飼い主にとって避けられない現実です。しかし、適切なケアと心構えによって、その時間を大切に、そして意味のあるものとして過ごすことができます。ペットとの最期の時間をどう過ごすかは、その後の飼い主の心の健康にも大きく影響します。後悔や自責の念に苛まれることなく、感謝と愛情に満ちた別れを経験することで、その後の人生も前向きに歩んでいくことができるのです。

ペットへの無条件の愛を知り、永遠の絆を深めるために、トライアングルケアの扉を開いてみましょう。

目次

はじめに……002

第1章 命の終末に寄り添う ターミナルケア(終末期ケア)

1 ターミナルケア(終末期ケア)とは……014
痛みの管理/メンタルケア/環境の整備/ターミナルケアには飼い主に対するサポートも含まれる

2 ターミナルケアの目的……018
家族で事前に話し合っておくことも大切

3 ペットの苦痛はわかりにくい……021
生き残るため/社会的地位を守るため/飼い主への配慮/ひと目でわかる苦痛は特に要注意/苦痛を正確に把握し、適切な処置を受ける

4 ペットの苦痛のサインとは……025
体に現れる変化(生理的サイン)/行動に現れる変化(行動的サイン)/日頃からよく観察し、少しでも変化があればすぐに対応する

5 痛みを評価するメリックチャート……029

6 終末期の苦痛を取り除く介助……033
環境を整える/排泄の介助/飼い主とのふれあいは不可欠

7 ペットを癒すヒーリングタッチ……037
ヒーリングタッチの手順/ヒーリングタッチに期待する効果

8 ホリスティック獣医学……043
健康を多角的に捉え、さまざまなアプ

ローチを統合する

9 免疫力を引き出す治療と生活習慣……046
免疫細胞療法／リラックスできる環境を整える／食事と栄養

10 苦しみから救う安楽死という選択……050
安楽死を選択した事例／安楽死を検討するときの留意点／亡くなったペットは飼い主が苦しむことを望まない

第2章 命の終末を受け止めるグリーフケア（祝別ケア）

1 グリーフケア（祝別ケア）とは……060
グリーフケアのプロセスは幅広い

2 グリーフケアの目的……063
温かい記憶を心の糧とする

3 グリーフケアを行うときの注意点……066
悲しみの深さは人によって異なる／ペットの死に対する子どもの反応／声がけとふれあい（ケアハグ）／悲嘆の極みにある人への対応と注意点

4 ペットから飼い主へのメッセージ……075

5 ペットロスを乗りこえる4ステップ……077
ステップ1　喪失の事実を受け入れる／ステップ2　悲しみと向き合い、徐々に乗りこえる／ステップ3　ペットのいない日常に慣れる／ステップ4　失ったペットを心において生活する／急がずに自分のペースで進んでいく

6 グリーフケアの事前準備……084
ペットの葬祭場を調べておく／死後の手続きを把握しておく／情報収集とペットロス体験の共有

7 ペットの旅立ちを受け入れる祝別式……089
魂の旅立ちを祝福する／感謝の思いをかみしめて、祝別の手紙を書く

8 生前に近い姿でお別れするために……093
遺体を清める／遺体を安置する

9 悲しみのプロセス……096
ショックと否認／怒り／取引／抑うつ／受容

10 グリーフケアの今後の展望……101
命の循環

11 飼い主や仲間を失ったペットへの配慮とケア……104
飼い主が亡くなったらペットはどうなる／ペットの悲しみについて私たちは何を知っているのか／ペットの悲しみの兆候／悲嘆に暮れるペットへのサポート／愛する存在の遺体をみせる／悲しみは成長の旅／同居ペットの死も悲しむのか

12 ペットに遺産を残す方法……113
負担付遺贈／負担付死因贈与契約／ペット信託

第3章 ペットの命に向き合うスピリチュアルケア（命のケア）

1 スピリチュアルケア（命のケア）とは……118
ペットとの絆を新たなかたちで継続する

2 スピリチュアルケアの目的……121
深刻なスピリチュアルペイン／スピリチュアルペインを癒す方法

3 死を「魂の成長と進化」と捉える……125
解放された魂は私たちのすぐそばにある

／ポジティブな状態で魂とつながっていく

4
猫は天使で犬は神……129
古代から変わらない普遍的な願い

5
マキアの呼吸で心をオープンに……132
マキアの呼吸法の実践

6
ペットの魂を送り出す祝別式……136
祝別式の準備（時間と場所）／式次第／レセプション／祝迎の儀式／思い出以上の価値をもたらす祝別式

7
ペットと過ごした日々で得られるもの……140
悲しみの先に新しい人生の扉がある

8
旅立ったペットは飼い主に何を望むか……142
ペットの魂を常に身近に感じる

9
新たなペットを迎えるという命のつながり……145
笑顔と幸せが旅立ったペットへの最高の贈り物

付録「トライアングルケア講習会」に参加して……148
おわりに……154
「トライアングルケア講習会」とは……158
著者略歴……159

あなたのペットについて

（複数いる場合はそれぞれ記してください）

①出会いの経緯

②その名前を付けた理由

③特徴（特技、好きな遊び、自慢できることなどを自由に）

第1章

Life is one

命の終末に寄り添う ターミナルケア（終末期ケア）

1 ターミナルケア（終末期ケア）とは

トライアングルケアのひとつである「ターミナルケア（終末期ケア）」とは、ペットが亡くなる前の時期に行うケアを指します。大切な家族の一員であるペットが末期の病気や重病、老化などにより寿命が近づき命の終末に向かう際に、ペットの快適さと尊厳を最優先に考えた医療・看護のアプローチのことです。

すでに治療が難しく、余命が限られているペットに対してやるべきことは、残された日々におけるＱＯＬ（クオリティ・オブ・ライフ、生活の質）の向上とメンタルケアです。以下の３つ（痛みの管理、メンタルケア、環境の整備）を軸に、ペットが最期まで自分らしく、快適に過ごせるようにケアを行う必要があります。

痛みの管理

ペットが抱える痛みや不快感を最小限に抑えるために、鎮痛薬を投与したり、ペットが

痛みの管理
痛みや不快感を最小限に抑える

メンタルケア
安心して暮らせる環境をつくる

環境の整備
過ごす場所の快適性を保つ

ターミナルケアの３つの軸

痛みを感じにくい姿勢や環境を整えることを指します。定期的な獣医師の診察を通じて、ペットの痛みの状態を評価し、必要に応じて治療法を調整します。

メンタルケア

ペットの精神的な健康を維持するために、飼い主とのスキンシップや安心して暮らせる環境づくりを行います。苦痛を配慮しながらも生活のなかにある「楽しみ」をなるべく失わないよう、ペットが望む場所で自分らしく暮らしていくためのサポートをします。

環境の整備

ペットが過ごす環境を快適に保つために、適切な温度や湿度を維持し、清潔な寝床やお気に入りの場所を用意します。移動が困難なペットの場合には、食事や水分補給が容易にできるように配慮し、必要な場合は移動や食事の介助を行います。

ターミナルケアには飼い主に対するサポートも含まれる

　ターミナルケアには、死期が近いペットだけでなく、そのペットと暮らす飼い主（家族みんな）に対するサポートも含まれます。終末期のペットのお世話や介助は、負担が大きいものです。24時間気を張って世話をしなければならない身体的負担、そして愛するペットが日に日に弱っていく様子を受け止めなければならない精神的負担によって、飼い主は追い詰められていきます。さらにペットの場合は、医療や介助にかかる費用も高額であるため、経済的負担も重くのしかかり、ペットの世話とお金を稼ぐための仕事で板挟みになってしまう人も少なくありません。

　ペットの死後、多くの人が「もっとこうしてあげればよかった」という罪悪感に苛まれます。ペットロスを深刻化させないためにも、飼い主はペットに対し「できることをすべてやりきった」と思えるようなケアを行うことが大切です。ただし、それはひとりでは叶いません。飼い主だけで抱え込まず

身体的負担
毎日 24 時間
気が抜けない

精神的負担
愛するペットの
衰弱への直面

経済的負担
医療や介助に
かかる費用

ターミナルケアにおける飼い主の負担

に、獣医師、愛玩動物看護師などの医療従事者とも相談しながら、ペットにとって最善のケアについて話し合いましょう。もちろん、家族みんなで話し合い、情報を共有して、悲しみや介助の負担を分け合うことも重要です。

たとえば、安楽死の判断を行う場面を考えてみましょう。詳しくは後述しますが、日本では法的にペットの安楽死が認められており、その判断は飼い主に委ねられています。しかし、愛するペットの生死を左右する判断を飼い主ひとりで担うのはあまりにも荷が重いと言えます。獣医師や愛玩動物看護師などから情報を提供してもらい、心理的サポートを受けながら判断することが望ましいでしょう。国際動物ホスピス緩和ケア協会のターミナルケアに関するガイドラインでは、医療者に対し、共感的なコミュニケーションを通じて飼い主の感情を受け止め、悲しみのプロセスをサポートすることが求められています。

「飼い主の事情を動物病院に相談してもよいのかな？」と思うかもしれませんが、まったく問題ありません。死が迫る終末期は、ペットにとっても飼い主にとってもつらく大変な時期です。しかし、愛するペットのためにできることを考え、ターミナルケアに力を尽くすことは、ペットが亡くなった後の後悔の念を減らすことにもつながります。

次に、ターミナルケアの目的や、ペットの苦痛の判断、苦痛を和らげる具体的な方法などを紹介していきます。

2

ターミナルケアの目的

ターミナルケアの目的は、一緒に貴重で幸せな時間を過ごしたペットの尊厳を守り、最期まで自分らしく生きられるようサポートする感謝行動です。また、飼い主は「ペットのために最後までやれることを精一杯してあげられた」と思えるようなケアを行って、いずれ来るペットロスの悲しみを少しでも軽減することも重要な目的のひとつです。動物病院のスタッフなども一丸となって、飼い主（家族みんな）がペットの死を受け入れ、悲しみを乗りこえられるようにしていきます。

多くの飼い主は、ペットの終末期にさまざまな不安や後悔を抱えています。ペットの死後、「もっと早く、他の動物病院に連れて行けばよかった」「治療の選択肢を獣医師任せにしてしまって後悔している」「普段からペットの病気について調べておけばよかった」といった自責の念をもつ人も少なくありません。また、ペットを失った後は「ペットの存在の大きさにあらためて気づいて、寂しくて心に穴が空いたように思える」「仕事を頑張る気力がなくなった」「ペットのいない家に帰るのがつらい」といった喪失感に苛まれることもあります。

事故で亡くなったペットの場合、その場所を通るたびに悲しい記憶がフラッシュバックし、転居を考えるほどの苦痛を感じる飼い主もいます。安楽死を選択した場合も、その決断が正しかったのか自問自答する日々を送ることになるかもしれません。

ペットを看取った飼い主のなかには、不安のあまり手あたり次第にいろんな治療法を試してしまい、後々自分の行動を悔やむ結果になる人もいます。「必要のないものを与えてしまった」「もっと早く獣医師に相談すべきだった」という思いは飼い主の心に大きな傷跡を残します。

飼い主がどんなことでも気軽に相談できるよう、不安や後悔に寄り添いながら、ペットの尊厳を守るためのサポートを行うことが、ターミナルケアにおける動物病院の大切な役割です。飼い主は、獣医師や愛玩動物看護師などの専門家と連携し、ペットの状態に合わせた適切なケアを提供することで、「やれるだけのことはやってあげられた」という気持ちを得ることができます。

また、ターミナルケアを通してペットとの絆を深め、かけがえのない思い出をつくることは、悲しみを乗りこえる原動力にもなります。ペットとその家族が最期の時間をともに過ごし、互いを思いやる大切な機会を提供することも、ターミナルケアの重要な目的のひとつです。

家族で事前に話し合っておくことも大切

「元気なペットと楽しく過ごしているときに死ぬときのことを考えるなんて……」と感じるかもしれませんが、ターミナルケアについては普段から家族で話し合っておくことで、いざというときに受け入れる準備をしておくことができます。いざ、終末期になってしまうと動揺してしまい、うまく話し合いができないことも少なくありません。冷静に話せるうちに、ペットの終末期についての認識を家族ですり合わせておいてください。

話し合いを進めるうえで、ペットの終末期に関する知識を得ておくことは不可欠です。人と動物では生物としての仕組みはもちろん、法的にできることについても違いがあります。まずは人と動物の生物学的な違いのひとつである苦痛のサインについて紹介していきましょう。

3 ペットの苦痛はわかりにくい

飼い主とペットの間には、情動伝染と呼ばれる現象があります。長い時間をともに過ごすほど、互いの感情が通じ合っているように感じられるのです。飼い主が笑顔でいれば、ペットも嬉しそうに尾を振り、飼い主が悲しんでいれば、ペットは飼い主に寄り添って慰めようとします。

しかし、同じようにペットの感情が人間にも伝わっているかというと、必ずしもそうではありません。実は、ペットのポジティブな感情は飼い主に伝わりやすいのに対し、苦痛などのネガティブな感情は伝わりにくいと言われています。

なぜなら、動物は苦痛を隠そうとするためです。動物が苦痛を隠す理由は、主に以下の3つ（生き残るため、社会的地位を守るため、飼い主への配慮）が考えられます。

生き残るため

　ペットは野生の祖先から受け継いだ生存本能として、弱さをみせないようにします。自然界では、弱い動物や怪我をした動物は捕食者のターゲットになりやすいため、痛みを隠すことで自身の安全を守ろうとするのです。

社会的地位を守るため

　動物は群れや家族のなかでの地位を維持するために痛みを隠すことがあります。特に群れのリーダーや高位のメンバーである場合、自分が弱っていることをみせることで地位が脅かされることを避けるために、痛みを隠す行動を取ります。

飼い主への配慮

　前述のように飼い主とペットの絆が深く、情動伝染が激しくなると、ペットは飼い主の感情や心理状態に非常に敏感になり、飼い主を心配させたくないという気持ちから痛みを隠すことがあります。これはペットが飼い主を喜ばせたい、悲しませたくないという思いからくる行動です。

ひと目でわかる苦痛は特に要注意

どんなに心が通じ合ったペットでも、苦痛を表に出さないというのは動物としての本能ですし、飼い主と心が通じ合っているからこそ隠してしまう場合もあります。このため、飼い主がペットの苦痛に気づくのは容易ではありません。

また、苦痛のサインはペットの種類によっても異なります。犬や猫などは比較的わかりやすいサインを示すことがありますが、同じ哺乳類でも捕食されやすいウサギやハムスターになると苦痛のサインが一段とわかりにくくなります。さらに鳥類や爬虫類などは哺乳類より表情筋が未発達なので、痛みの発見が非常に難しいとされています。

逆にもし苦痛を感じていることがひと目でわかるようなら、ペットの体の状態は飼い主が想像しているよりずっと悪いかもしれません。普段の生活を送れなくなっているレベルなら、苦痛からの解放という意味で安楽死という選択肢についても考える必要があります。

安楽死は、終末期のペットの尊厳を守るための選択肢のひとつです。責任の重い決断となりますので、飼い主の気持ち、家族みんなの意見、QOLの評価、獣医師のアドバイスなど、さまざまな要素を総合的に考慮する必要があります。

苦痛を正確に把握し、適切な処置を受ける

みえる痛みもみえない痛みも正確に把握することが、適切なターミナルケアを行ううえでは非常に重要です。そのためには、普段の行動や体調の変化を注意深く観察しておく必要があります。ペットの日常をよく観察し、些細な変化も見逃さないようにしましょう。いつもと違う様子があれば、それは痛みのサインかもしれません。

こうした変化に気づいたら、獣医師に相談し、ペットの痛みを和らげるための適切な処置を提案してもらいましょう。痛みの治療は、ペットの回復を促進し、ストレスを軽減するために欠かせません。ターミナルケアにおいて、飼い主はペットの痛みに早期に気づき、適切なケアを施すことが求められます。

次に、いち早くペットの痛みに気づくためにペットの苦痛のサインを具体的に説明していきます。

4 ペットの苦痛のサインとは

すでに述べたように、ペットは苦痛を隠す傾向にあるため、その苦痛に気づくことは容易ではありません。しかし、飼い主が普段からペットの行動や習慣をよく観察していれば、ペットが苦痛を感じているときに現れる変化に気づくことができます。

ペットが苦痛を感じていると、体や行動に以下のような変化が現れます。

体に現れる変化（生理的サイン）

・いつもより呼吸が速くなり、息苦しそうな様子をみせる。
・食欲がなくなる、または水を飲まなくなる。
・トイレの回数や排泄物の量、色、においが変わる。
・体温が上がったり下がったりする。
・心臓の鼓動や呼吸のリズムが変わる。

・黒目の部分（瞳孔）が大きくなったり小さくなったりする。
・歯茎や舌の色が青白くなったり、紫色になったりする。
・急激に体重が落ちる。

行動に現れる変化（行動的サイン）

・人目につかないところに隠れたがる。
・活発さがなくなり、動きたがらない。
・食べ物の好みが変わる、食べ方が変わる。
・鳴き叫んだり、うめき声をあげたりする。
・攻撃的になる、またはおとなしくなりすぎる。
・寝る時間や場所が変わる。
・ふせの姿勢をとる（うずくまる）。
・体の特定の場所を何度もなめる、かむ。
・飼い主に甘えたがる、またはいつもと違う態度をとる。

日頃からよく観察し、少しでも変化があればすぐに対応する

生理的・行動的サインが何を表しているのかはペットによっても異なり、それらのサインがあったからといって必ずしも苦痛を表すとは限りません。大切なのは普段の様子からの変化です。飼い主は日頃からペットの様子をよく観察しておき、少しでも変化に気づいたら、小さなことでも獣医師に相談してみるとよいでしょう。獣医師の知識と飼い主の観察眼を合わせれば、ペットの苦痛をより正確に知ることができ、適切に取り除くことにもつながります。

たとえば、今まで大好きだったおやつに見向きもしなくなったとしたら、それは口腔内や消化器系の苦痛のサインかもしれません。いつも遊ぶのが大好きな犬が、急に遊びに興味を示さなくなった場合は、関節の痛みなどを抱えている可能性があります。このようなちょっとした変化でも様子をみることなく、迅速に獣医師に報告し、原因を突き止め、苦痛を取り除く処置などを施すことができたら、ペットの「普段どおり」を取り戻すことができ、QOLを上げることにつながります。

ペットの苦痛のサインを見極めることは、ペットのQOLを評価するうえで非常に重要です。そして苦痛を感じていることがわかったら、ぜひそのペットがどのように思っているか、想像してみてください。苦痛によって日常がどのように変わって、何が不便になっ

たのか、苦痛があることでどのような恐れや不安を抱えているのか……それを想像できるのはペットとずっと一緒にいる飼い主だけです。苦痛による精神面のつらさにも寄り添ったケアができれば、ペットの生活はより穏やかなものになるでしょう。

また、苦痛があるかどうかだけでなく、どこに苦痛を感じているのかわかれば、ケアがしやすくなります。次に、ペットが苦痛を感じている場所を知るために有効な「メリックチャート」について詳しく説明します。

5 痛みを評価するメリックチャート

ペットの痛みを理解し、適切なケアを提供することは、大切な家族の一員であるペットのQOLを維持するために、とても重要なことです。

ここから紹介するメリックチャートは、ペットの痛みの部位と症状や病気を関連づけるためのツールのひとつです。メリックチャートは、もともと人のカイロプラクティックに基づいて開発されたもので、脊椎の特定の部分（頚椎、胸椎、腰椎、仙椎、尾椎）が体の特定の部位や機能に影響を与えるという考え方に基づいています。

次ページの図のように、メリックチャートでは、脊椎の各部位に対応する症状や病気が示されています。メリックチャートを活用することで、痛みから症状や病気を知ることができたり、逆に病気から痛む部位を推測したりすることができるのです。ペットのターミナルケアにおいては、後者の用途が重要になります。メリックチャートを活用することで、ペットが表に出さない苦痛や、苦痛を感じている場所の詳細を知ることができるかもしれ

1 頚椎（7個）

C1 頭痛、神経過敏、不眠症、慢性疲労、めまい

C2 アレルギー、難聴、眼の傷害、耳痛

C3 神経痛、神経炎、膿皮症、湿疹

C4 花粉症、難聴

C5 喉の不調、咽頭炎、しわがれ声

C6 首の硬直、上肢の痛み、扁桃炎

C7 風邪、甲状腺機能低下などの諸症状

2 胸椎（13個）

T1 喘息、咳、息切れ、前肢・肉球の痛み

T2 心臓機能の諸症状、一定の胸部痛

T3 気管支炎、風邪

T4 胆嚢の諸症状

T5 肝臓の諸症状、低血圧、貧血、関節炎

T6 神経性胃炎、胸やけ、消化不良など胃の障害

T7 糖尿病、潰瘍、胃炎

T8 免疫力の低下、しゃっくり

T9 アレルギー、蕁麻疹

T10 腎臓障害、動脈硬化、慢性疲労、胃炎

T11 皮膚の諸症状、吹出物、湿疹

T12 関節リウマチ、腹部膨満感、一定の種類の不妊症

T13 腎臓病、尿毒症、尿路結石、膀胱炎

3 腰椎（7個）

L1 便秘、結腸炎、下痢

L2 虫垂炎、筋けいれん、呼吸困難

L3 膀胱障害、痛み・不定期など月経障害、多くの膝痛

L4 坐骨神経痛、腰痛、背痛

L5 足の循環不全・冷え、足のけいれん

L6 腸炎（大腸、直腸、膀胱）

L7 包皮炎、精巣腫瘍、前立腺炎、前立腺腫瘍

4 仙椎（3個）

仙腸骨の諸症状、脊柱弯曲

5 尾椎（6～23個）

痔、座位の際の脊柱端の痛み

メリックチャート

特定の脊髄分節の機能不全と特定の器官の具体的な病気の関係を推定したもの。1909年にB.J.パーマーとジェームズ C.ウィシャートによって開発された。

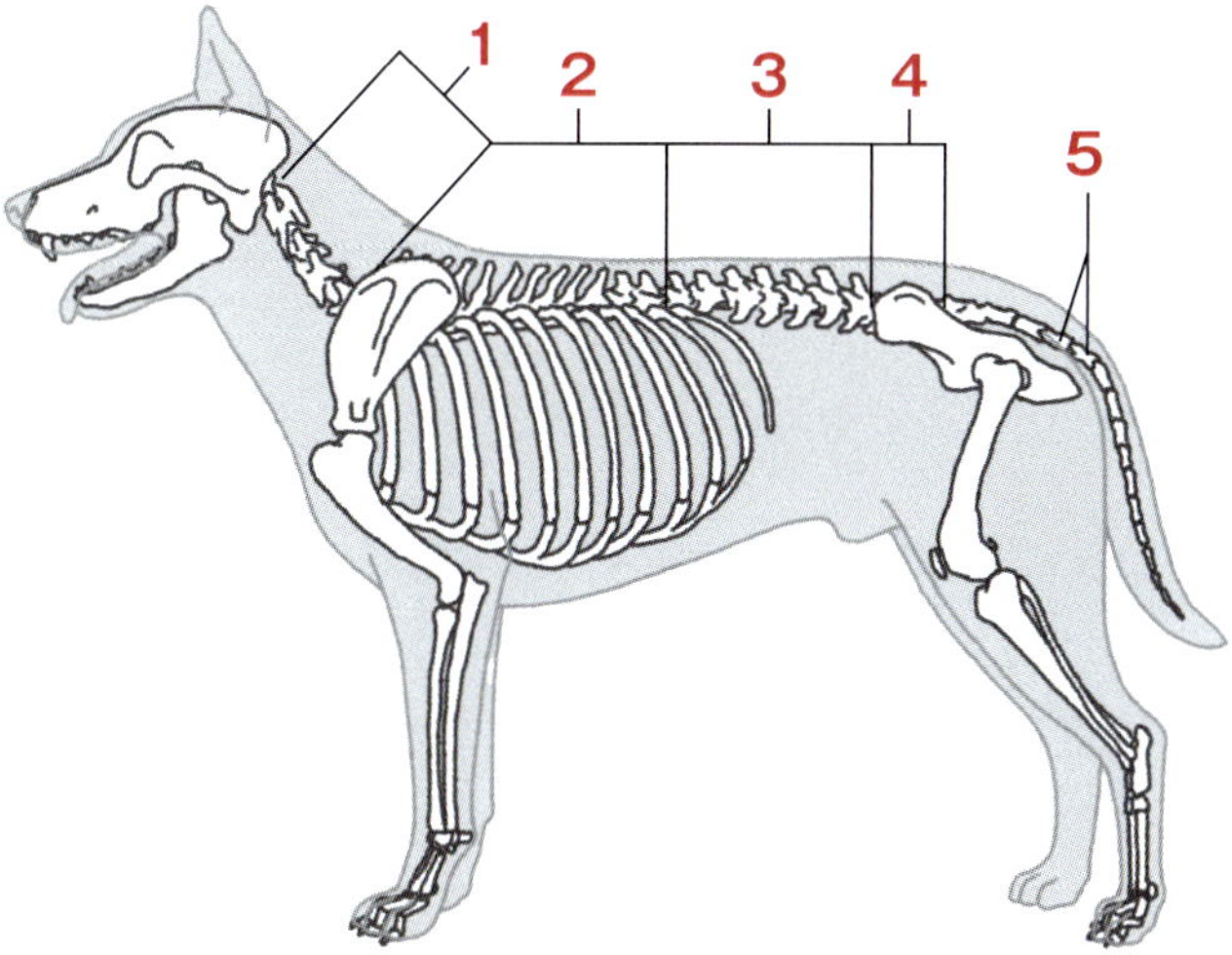
1
2
3
4
5

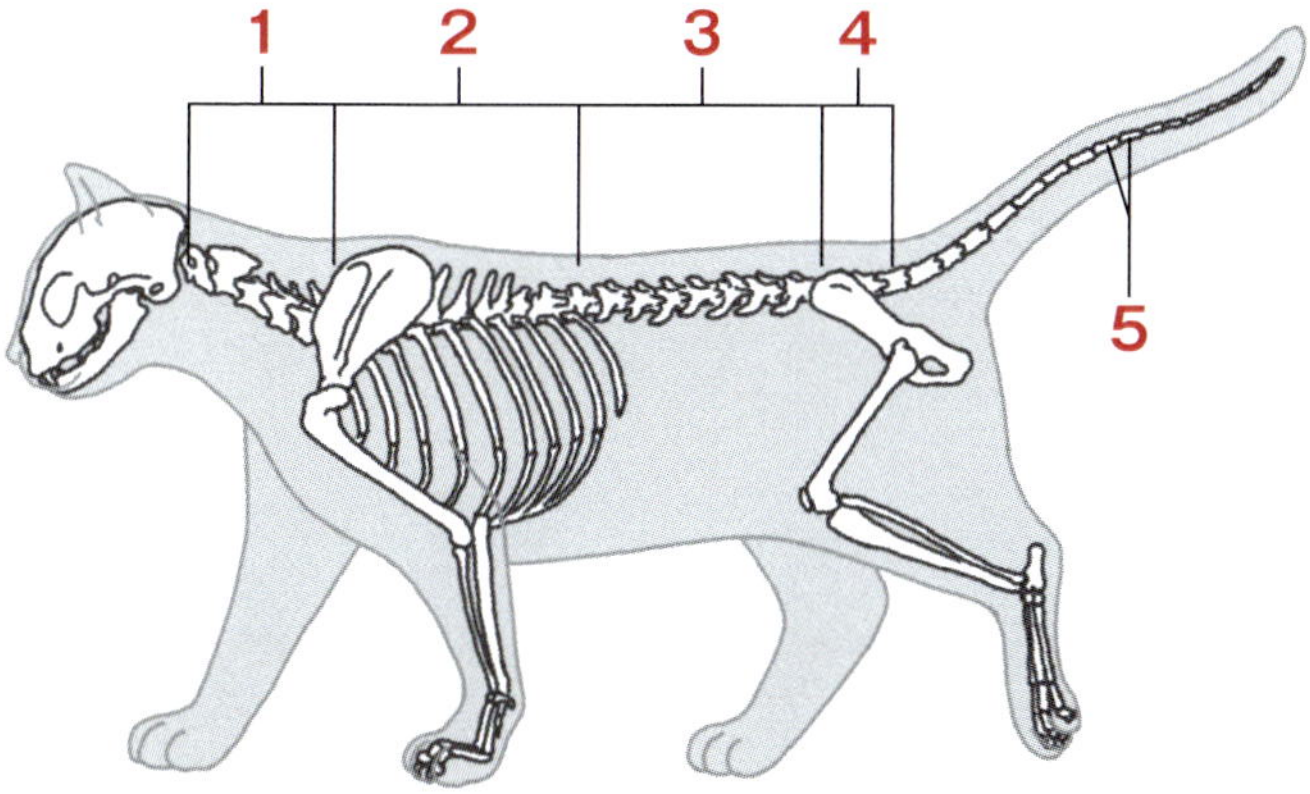
1
2
3
4
5

ません。

たとえば、ペットが慢性腎臓病を患っている場合、胸椎のT10に苦痛を抱えている可能性があるため、T10のある腰の上あたりを温めたり、手を当ててなでてあげるなど、重点的にケアしてみるとよいでしょう。ペットが表に出さない苦痛をケアによって改善できれば、食欲や活動性などQOLの維持にもつながります。

ただし、メリックチャートはあくまでもその動物種の一般的な指標としてつくられたものなので、すべてのペットに当てはまるとは限りません。ケアを行ったときの反応をみながら、試行錯誤を繰り返していく必要があります。飼い主の緻密な観察はメリックチャートを用いる場合であっても不可欠です。

苦痛の場所が推測できたら、苦痛を軽減するためにできることはたくさんあります。次に苦痛を取り除く具体的な介助法について説明していきましょう。

6 終末期の苦痛を取り除く介助

痛みの管理は、ペットのＱＯＬを維持するうえで欠かせません。終末期のペットの苦痛を取り除くためには、獣医師と相談しながら適切な鎮痛薬や漢方薬などを使用することが基本となりますが、飼い主にもできることがあります。

環境を整える

まずは寝たきりの状態になったペットに対する床ずれのケアを考慮します。床ずれとは、長時間同じ姿勢でいることで、体の一部に圧力がかかり続け、血行不良により皮膚が傷ついてしまう状態のことを指します。床ずれができると、ペットに痛みや不快感を与えてしまいます。これを防ぐために、こまめに体位を変えてあげたり、通気性のよい介助用マットを敷いた柔らかいベッドや薄い円座クッションを用意したりすることが大切です。

ペットが快適に過ごせるよう、環境を整えることも重要なポイントです。暑さ寒さ対策

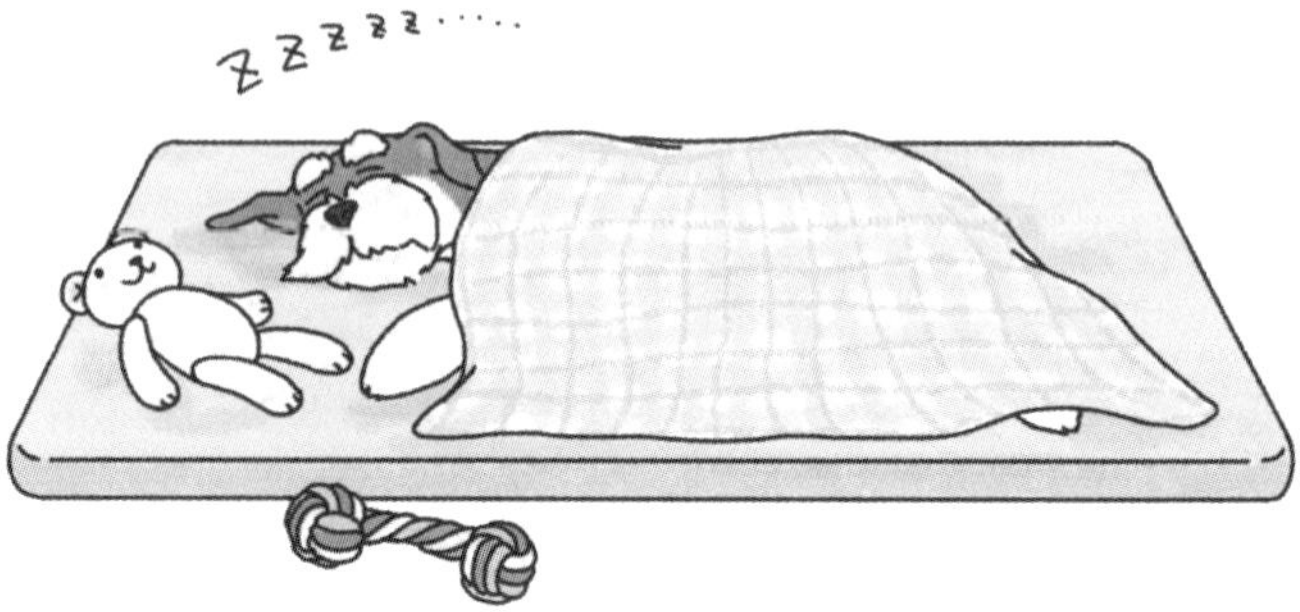

環境を整える
ペット用介助マットやお気に入りのおもちゃなどを用意して、快適で安心できる空間をつくる。

はもちろん、お気に入りの毛布やペットの好きなおもちゃをそばに置くなどして、安心できる空間をつくってあげることで、ペットのストレスを和らげることができます。ペットの好みや癖を活かしたケアができるのは、私たち飼い主だけです。

猫などの場合、体が弱ってくると、にぎやかでひらけた場所より、静かで身を隠せるような場所を好むこともあります。弱みをみせて捕食者につかまらないようにする動物の本能でしょう。そんな場合には、もぐりこめるようなタイプの寝床を静かな場所に準備してあげてもよいかもしれません。ただし、終末期はいつ何が起こるかわかりませんから、定期的に様子をみてあげてください。

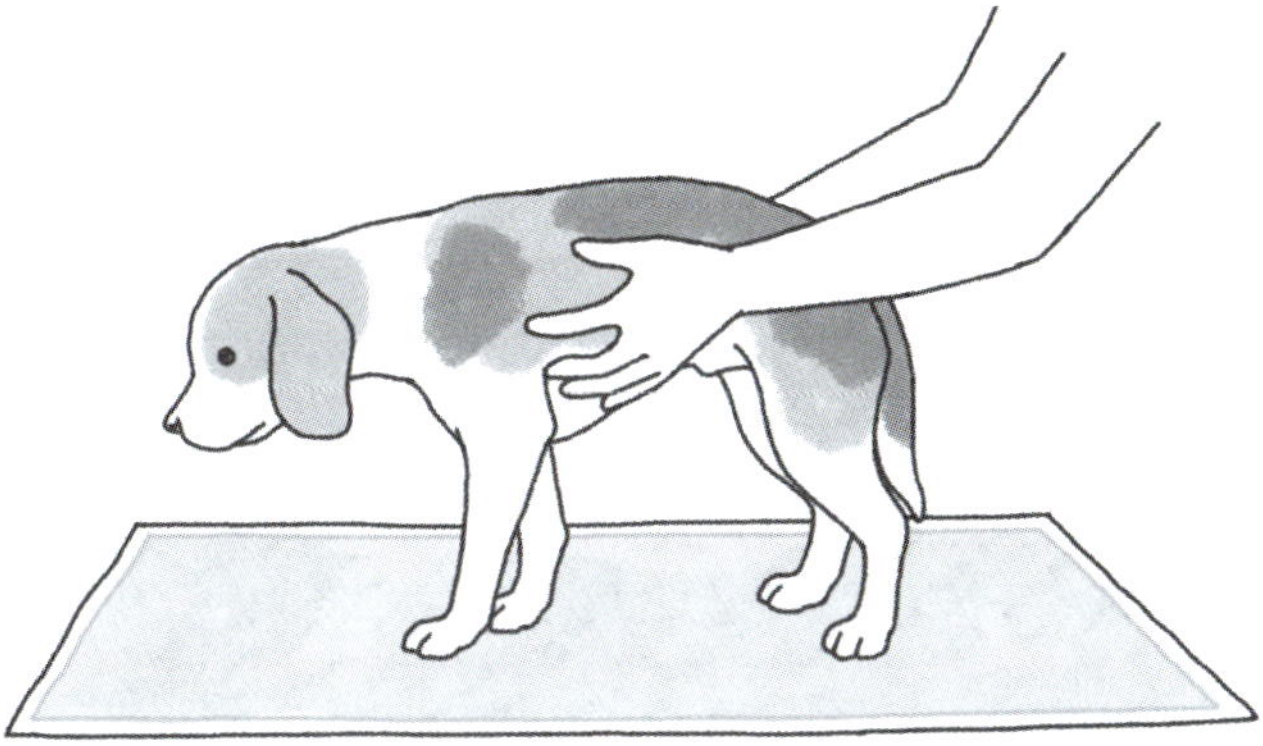

排泄の介助
ペットが自分でトイレに向かおうとする場合には、楽な姿勢で排泄できるようサポートする。

排泄の介助

もうひとつ終末期のペットの尊厳を守るために欠かせないのが排泄の介助です。これは飼い主にとって大変な仕事のひとつでしょう。まったく寝たきりの場合や、高齢で排泄のコントロールができなくなっている場合にはオムツを使用するのも一手ですが、オムツが汚れていると不快感や肌のトラブルにつながりますので、こまめにチェックする必要があります。

ペットが自分でトイレに向かおうとする場合には、腹部に幅広のスリングかタオルを通して支えて、立ち上がる手助けをし、楽な姿勢で排尿や排便ができるようサポートしてあげましょう。飼い主にとっては大変な介助ですが、今までできたことをこれからもできるようにするサポートは、ペットの精神衛生を守るうえでとても大切です。

飼い主とのふれあいは不可欠

どのケアにおいても、終末期のペットが安心して過ごすうえで、大好きな飼い主とのふれあいは不可欠です。飼い主の手で行うマッサージはペットの痛みや不快感を和らげます。人の手で優しくマッサージをすることで、血行が促進されて筋肉の凝りがほぐれ、苦痛でこわばったペットの体がリラックスしていきます。

とはいえ、もちろんペットは痛みのある部位に触られるのを嫌いますし、苦痛を抱えていることで反射的に触られることを避けてしまうペットもいます。最初はそっと手を当てて、ペットの反応をみながら、無理のない範囲でマッサージをしてあげましょう。なでる程度でも構いません。飼い主の愛情深い手のぬくもりは、ペットにとって最高の癒やしになります。

次に、終末期のペットに触れるときに知っておきたい、ヒーリングタッチの方法について説明していきます。

7

ペットを癒すヒーリングタッチ

終末期を迎えたペットの苦痛を少しでも減らして、穏やかな時間を過ごしてほしい。そんなときに、飼い主自身の手で行えるケアのひとつが「ヒーリングタッチ」です。

ヒーリングタッチとは、ペットの体に直接手を当てることで、リラクゼーションを促進し、免疫力を高め、ストレスを減らすことを目的とした東洋医学の手法である「気功」の一種です。気功というと修行を積んだ専門家でないとできないように思うかもしれませんが、飼い主の手から伝わる温かさも「気」のひとつです。

ヒーリングタッチは次のような流れで行っていきますが、あまり「これが正しい」と気負うことなく、ペットとのふれあいの一環として取り組んでみてください。

ヒーリングタッチの手順

①リラックスする

まず大切なのは、飼い主自身が心身ともにリラックスしていることです。背筋を伸ばし、ゆったりとペットの横に座り、深呼吸をします。胸の高さで両手を合わせて、少しずつ離しながら、手のひらのエネルギーを意識してみましょう。

②手を温める

ペットに触れる前に、手のひらを擦り合わせて温めます。飼い主の手が冷たいと、触れたときにペットがびっくりして触れられることを嫌がってしまうことがあります。手のひらの表面とペットの体温の差を少なくすることで、ペットの負担を小さくしましょう。

③優しく触れる

ペットの体に手を当てる際は、優しくゆっくりと触れることを心がけましょう。もみほぐすわけではないので、強い力は必要ありません。触れるときの力の強さはペットによって好みがありますので、ペットの反応をみながら、ペットが心地よさそうにする力加減で行います。

④体全体をなでる

ヒーリングタッチは、ペットの頭から尾まで、体全体をなでるように行います。ペットの体に触れ、冷えた部分や硬くなっている部分を探して手を当てます。ペットが気持ちよさそうにしている部分は、少し長めに触れてあげるとよいでしょう。

リラックスする

手を温める

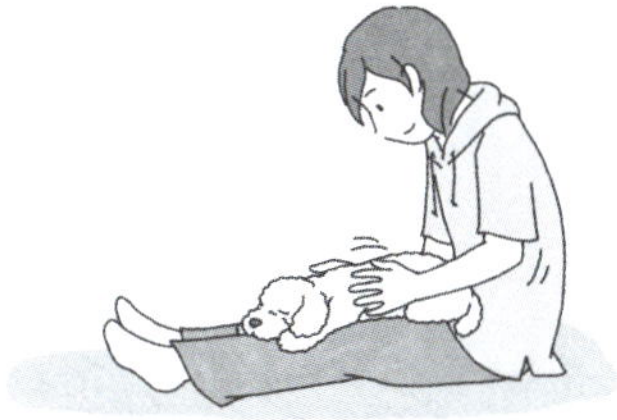

優しく触れる

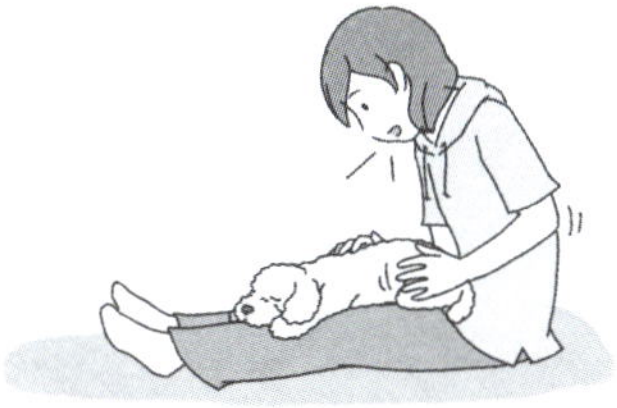

体全体をなで、優しく声をかける

ヒーリングタッチ

ヒーリングタッチとは、ペットの体に直接手を当てることで、リラクゼーションを促進し、免疫力を高め、ストレスを減らすことを目的としたもので、東洋医学の手法である「気功」の一種。

⑤優しく声をかける
ヒーリングタッチを行うときは、ぜひペットに優しく話しかけてください。飼い主の穏やかで愛情のこもった声は、ペットをよりリラックスさせ、安心感を与えます。
⑥ヒーリングタッチを行う時間を調整する
時間は、ペットの様子をみながら調整します。初めは5分程度から始め、徐々に時間を延ばしていくとよいでしょう。ペットが嫌がらなければ、1日10分程度を目安に行うことをおすすめします。

ヒーリングタッチに期待する効果

ヒーリングタッチを受けることで、ペットの体は深いリラクゼーション状態に入ります。すると、脳内ではエンドルフィンという物質が放出されます。エンドルフィンは、私たちが運動した後や、美味しい食事を食べた後に感じる幸福感や満足感を生み出す神経伝達物質です。このエンドルフィンには、筋肉の緊張をほぐすはたらきがあり、筋肉がリラックスすることで、細胞と細胞の間に隙間ができ、血液の循環がよくなります。その結果、体全体に酸素や栄養がたっぷりと行きわたるようになるのです。酸素が十分に供給されることで、ペットの体は痛みや不快感が和らぎ、健康を維持するために必要な栄養素をより効

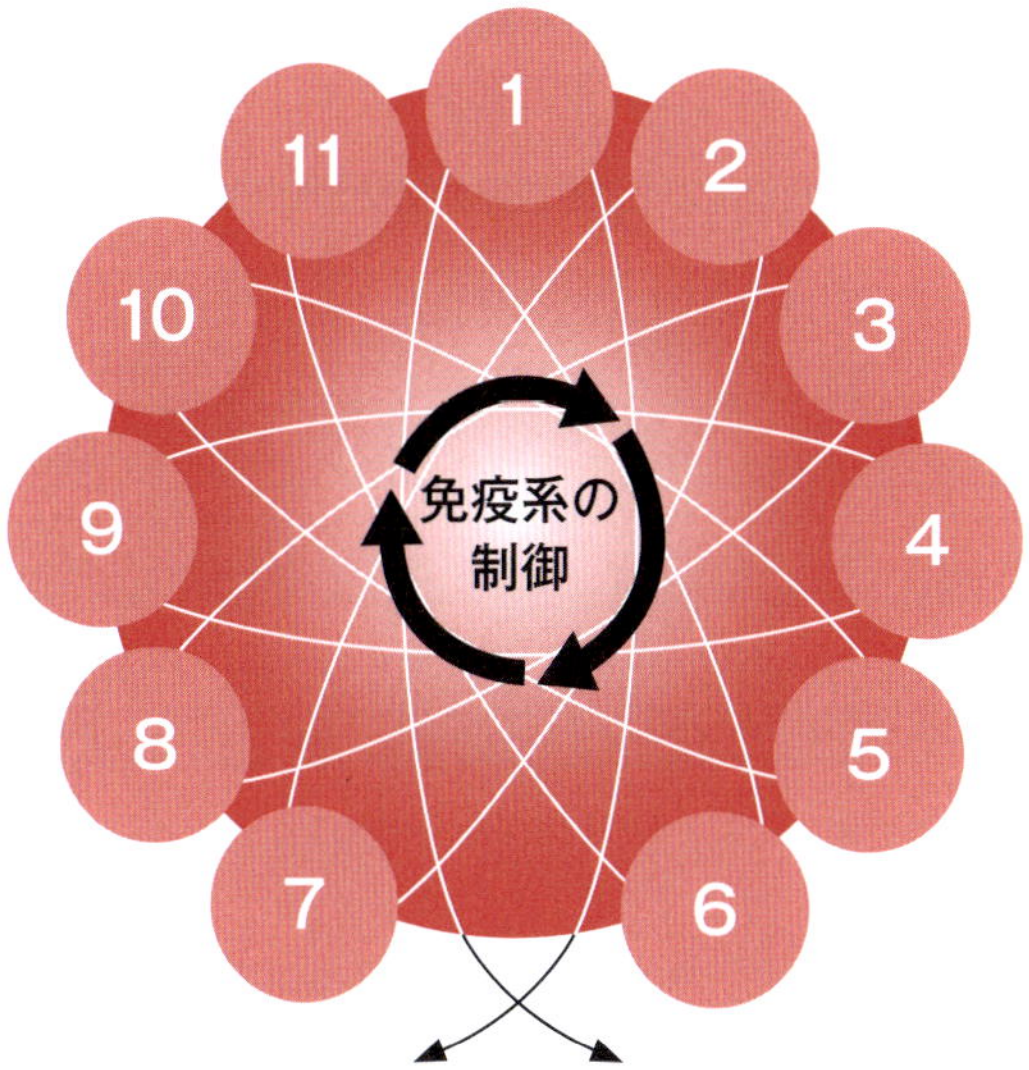

ヒーリングタッチによる生理的連鎖

①体がリラックスする。
②脳内でエンドルフィンが放出される。
③エンドルフィンが筋肉をリラックスさせる。
④筋肉がほぐれることで、細胞と細胞の間に隙間ができ、血行が促進される。
⑤血流が増加することで、体全体の酸素濃度が上昇する。
⑥血流の促進により、栄養素がより効率的に吸収される。
⑦適切な消化のために酵素がつくられる。
⑧ホルモンの分泌が調整される。
⑨体内から毒素が放出される。
⑩健康な細胞が再生し始める。
⑪幸福感が得られ、癒しが促進される。

率的に吸収できるようになります。

さらに、ヒーリングタッチには免疫反応を高める効果も期待できます。ストレスホルモンであるコルチゾールの分泌が抑えられ、免疫力が上がることで、ペットの体は病気に対する強さを手に入れます。また、幸福感や満足感を生み出すオキシトシンの分泌が促進されることで、ペットは心身ともにリラックスした状態を保てるようになります。

オキシトシンは絆ホルモンまたは愛情ホルモンや幸せホルモンとも呼ばれ、なでられたペットだけでなく、なでた人間側にも多く分泌することが知られています。愛するペットが死に向かっていく様子をみながらのターミナルケアは、飼い主にとっても大きなストレスとなります。毎日少しでもヒーリングタッチの時間をつくると、その片時だけでもペットと飼い主の両方が穏やかでリラックスして過ごせます。この時間は、ペットへの愛情にあふれた、かけがえのない思い出となるはずです。

近年、終末期のペットに対して薬を使って悪いところを治療するだけでなく、ヒーリングタッチのような「気」を考慮した自然治癒力を高めるアプローチも取り入れて体全体をケアし、QOLを維持することは重要だという考えが広まってきています。そのような考え方から注目されているのが、ホリスティック獣医学です。

8 ホリスティック獣医学

ホリスティック獣医学の「ホリスティック」は「全体的な、包括的な」という意味です。つまり、ホリスティック獣医学とは、ペットの健康を全体的・包括的にみる医療体系のことを指します。

従来の獣医学では、主に病気や怪我など問題が生じている部位に対する西洋医学的なアプローチに重点が置かれてきました。一方、ホリスティック獣医学では、ペットを「体・心・気・霊性」などの有機的統合体と捉え、社会・自然・宇宙との調和に基づく健康観をもっています。つまり、ペットの健康を身体的な側面だけでなく、精神的、感情的、さらには魂のレベルまで含めて総合的にみていくのです。

ホリスティック獣医学は、西洋医学と東洋医学の要素を組み合わせた統合医療の一種です。西洋医学の科学的根拠に基づく診断・治療を重視しつつ、東洋医学の自然治癒力を高める伝統的な治療法も取り入れています。

ここで言う「自然治癒力」とは、生きとし生けるものが本来もっている「自ら癒える力」のことです。ホリスティック獣医学では、この自然治癒力を高め、増強することを治療の基本としています。つまり、病気を癒すのは動物自身の力であり、獣医師や飼い主はその力を引き出すためにサポートをする存在という考え方です。

健康を多角的に捉え、さまざまなアプローチを統合する

ホリスティック獣医学では、ペットの生活全般を見直すことが重要視されます。住環境、家族関係、社会関係、食事、サプリメント、運動、マッサージなどによるリラクゼーション、睡眠など、日常生活のあらゆる側面が、健康に影響を与えると考えるのです。これらの要因を総合的に改善することで、ペット自身の自然治癒力を高め、「自ら癒せる」体づくりを目指します。

また、ホリスティック獣医学では、ペットの身体的健康だけでなく心理的健康も重要なテーマです。ストレスや不安、問題行動など、ペットの感情面の問題にもアプローチします。たとえば、ストレスの原因となる環境を改善したり、問題行動に対する適切な対処法を飼い主に指導したりします。

治療法も多岐にわたります。通常の薬物療法に加え、食事療法、漢方薬、ハーブ、サプ

リメント、アロマセラピー、鍼灸などの自然療法や補完療法を組み合わせることがあります。また、「エネルギー療法」と呼ばれる、体の気（エネルギー）の流れを整えるための治療法を用いることもあります。先ほど紹介したヒーリングタッチもエネルギー療法のひとつです。これらは、動物の体のエネルギーバランスを整え、自然治癒力を高める効果が期待されています。なお、アロマセラピーは犬には基本的によいですが、猫にとってエッセンシャルオイルは有毒になる（生死にかかわる）危険性があるため、注意してください。いずれにせよ、これらを検討する際は、獣医師に確認しましょう。

ホリスティック獣医学では、獣医師の治療だけでなく飼い主の日々のケアも重要だとしています。飼い主は、ペットの日常のケアや健康管理に積極的に関与し、定期的な健康チェックや、健康的なライフスタイルの維持を行います。

このようにホリスティック獣医学は、ペットの健康を多角的に捉え、さまざまなアプローチを統合的に取り入れることで、動物本来の自然治癒力を引き出すことを目指す医療体系です。従来の獣医学とは異なる視点をもつホリスティック獣医学ですが、ペットの健康と幸福を促進するための新しい選択肢として、注目を集めています。

9

免疫力を引き出す治療と生活習慣

終末期のペットにとって、免疫力を高めることは大きな意味があります。免疫力が高まることで、さらなる感染症などの病気を防ぎ、ペット自身がもつ自然治癒力も高まります。結果、痛みや不快感の軽減につながり、QOLを維持することができるのです。

免疫力が上がることは、体を守る免疫細胞が活性化していることを示しています。リンパ球をはじめとする免疫細胞は、体に侵入してきた病原菌だけでなく、がん細胞も攻撃することで知られています。

免疫細胞療法

この免疫細胞を利用したがんの治療法が、免疫細胞療法です。免疫細胞療法は、ペットの血液から採取したがん細胞を攻撃する免疫細胞を体外で培養・増殖させ、再び体内に戻す治療法で、ペット自身の細胞を使うため、副作用が少なく比較的安全に行うことができる治療法として注目されています。

ただし、基本的には免疫細胞療法はがんの早期段階で選択する治療法であり、進行したがんや末期のがんを完治させるのは残念ながら難しいのが現状です。がんが進行している場合、がん細胞の数が多いうえ、患者であるペットの細胞自体が弱っているため、根治に至ることは望めません。しかし、がんの進行を抑えたり、再発を防いだりすることが期待できるため、ペットの苦痛を減らし、QOLを改善することにはつながる可能性があります。注意点として、免疫細胞療法は現状、がんの3大療法である外科手術、薬物療法（抗がん剤治療）、放射線治療の次に位置づけられるものと認識してください。

リラックスできる環境を整える

ペットが精神的にリラックスすることも免疫力を高めるのに有効だと言われています。呼吸や血圧など体のあらゆる動きを制御している自律神経系には、体をアクティブにする交感神経とリラックスさせる副交感神経の2つがあり、副交感神経が優位になると体が自身を修復させる方向にはたらき、免疫力が向上するのです。

終末期こそペットの「いつもどおり」をできる限り継続し、リラックスできる環境を整えることが大切です。大好きな公園に散歩に行ったり、飼い主の膝の上でなでてもらったりと、ペットが「楽しい」「嬉しい」と感じられることをみつけて実践することが免疫力アップにつながります。逆にペットがストレスを抱えたままでいると、ストレスホルモンであるコルチゾールが分泌され、一部の免疫細胞のはたらきを阻害してしまいます。

ホリスティック獣医学の解説でもふれた、エネルギー療法や食事療法も免疫力を高めることにつながっています。免疫力向上には適度な運動で血行を促進するとよいとも言われますが、終末期で運動ができる状態であることは少ないのが現実です。そんな寝たきりの状態でも、ペットの体を優しくなでたり、四肢を軽く動かしてあげたりすることで、血行を促進することができます。前述したヒーリングタッチや鍼灸などのエネルギー療法は、ペットの血行促進につながり、免疫機能の向上に役立つのです。

食事と栄養

食事も免疫力に影響を与えます。免疫細胞のはたらきを活性化するためには、バランスの取れた食事が重要です。特に、オメガ3脂肪酸は炎症を抑えるはたらきがあり、免疫系の調節に関わっています。また、ビタミンやミネラルは、免疫細胞の生成や機能に不可欠な栄養素です。さらに、アガリクスやマイタケ、冬虫夏草などのキノコ類に含まれるベータグルカンにも注目が集まっています。ベータグルカンは、免疫細胞の一種であるマクロファージを活性化し、がん細胞を攻撃する能力を高めるはたらきがあるのです。これらのキノコ類を食事に取り入れることで、ペットの免疫力を自然に高めることができるかもしれません。

ただし、食事やサプリメントは動物の種類や飲み合わせなどによって、かえって逆効果となることもありえます。自己判断せず、獣医師と相談のうえ、ペットの状態に合わせた食事やサプリメントを選ぶようにしましょう。

終末期において免疫力を上げることは、ペットの健康維持だけでなく、飼い主にとっても大きな意味をもちます。残された時間を、少しでも穏やかで充実したものにするために、できる範囲で免疫力を高めるケアを取り入れることをおすすめします。

10

苦しみから救う安楽死という選択

終末期のペットと過ごしていると、「安楽死」という言葉が頭をかすめることもあるかもしれません。安楽死とは、古代ギリシャ語の「エウシャナータ（良い死）」を語源とし、死にゆく命に「直接的または間接的に安らかな死をもたらすための意図的な行為」のことを指します。つまり、治療の見込みがなく、耐え難い痛みや苦しみが続く場合に、飼い主の判断のもと獣医師によって人為的に生命を終わらせる行為のことを指します。その目的は、ペットの苦痛を最小限に抑え、尊厳ある最期を迎えさせることにあります。

安楽死の判断は、飼い主にとって非常に難しく、心に大きな傷を残すものです。なぜなら、安楽死を受けるかどうかの決定は、ペット自身ではなく、飼い主が下さなければならないからです。飼い主は、もの言わぬペットの代わりに、その生死を決める重大な判断を下すことになります。

安楽死の要件としては、一般的に次の3つが求められています。

①深刻な健康状態…強い痛みや苦しみを伴う重篤な病気や怪我を抱えているが、改善の見込みがない場合。
②QOLの著しい低下…普通の生活を送れないほどの苦痛や不快がある場合。
③死期が近いことが確実…獣医師の診断により、死期が近く、そして現時点では治療法が存在せず、安楽死が最善の選択と判断された場合。

日本では、人為的にペットの命を絶つことに抵抗を感じる飼い主も多く、たとえペットが苦痛を感じていても、できる限り自然なかたちで最期を迎えさせたいと考える人が少なくありません。こうした考え方は、生命の尊さを重んじる日本の文化的背景が影響しているのでしょうか。たとえペットが苦しみや痛みの状態にあっても、自然死を選び、最期まで看取る傾向が強いと言えます。

ただ、安楽死に対する考え方は国によっても異なります。欧米では、改善の見込みがない重症の動物に安楽死処置を行わないことは、動物虐待とみなされることもあるのです。これは、動物を心身の苦しみや痛みが続く状態で死なせることよりも、苦痛を感じさせないことを優先する考え方に基づいています。欧米の思想では、肉体的苦痛だけでなく、動物の精神的苦痛の除去のためにも、尊厳をもって安楽死を選択することが推奨されている

安楽死の捉え方の違い：ペットはどちらを求めているだろう？

欧米

・回復の見込みがなく、死期が近い重症の動物に安楽死を行わないことは、虐待とみなされる可能性がある。苦痛を感じさせ続けることを虐待と捉える思想がうかがわれる。心身の苦痛の除去のためにも、尊厳をもって安楽死をすすめる傾向が強い

・安楽死（慈悲殺）…命への尊厳を求める真摯な要求に基づき、死期が迫った動物が抱える心身の激しい苦痛を緩和・除去し、安らかな死を迎えさせる行為

日本

・動物の命を絶つこと自体を虐待と考える傾向が強い。苦痛を感じる状態にあったとしても自然死を選び、最期まで看取る傾向が強い

・尊厳死…苦痛が癒えることのない動物に対しても最期まで寄り添い、食事や水分の補給、排泄物の処理などの介助を最大限行い、医療（積極的な延命処置）を継続する。最終的に寿命が尽き、尊厳のあるかたちで自然に逝ってほしいと願う

のです。

この考え方の違いは、生命観や死生観の文化的な差異に根ざしています。欧米では個人の自由や自己決定権が重視され、尊厳ある死を選ぶ権利が認められている一方、日本では生命の神聖さや自然の摂理を尊重する傾向が強いのです。

ただし、ここで重要なのは、ペット自身の意思や利益を最優先に考えることです。果たしてペットたちは、耐え難い痛みや苦しみが続く状態で生き長らえることを望んでいるのでしょうか。それとも、尊厳をもって安らかに旅立つことを望んでいるのでしょうか。

安楽死を選択した事例

実際に、飼い主がペットに対し安楽死を選択した事例としては、以下のようなものがあります。

・老齢で寝たきりの状態から回復する見込みがなく、その世話で飼い主（家族みんな）が疲れ果て、日常生活を送ることが困難になった。
・治療によって少しの回復は見込めるものの、いずれにせよペットが寝たきりや介護が必要な状態になることがわかっている一方、飼い主に十分な介護の時間や継続的な治療費の支払い能力がなかった。
・重篤な病気であり、手術で治る可能性はあるものの、麻酔処置や手術に耐えうる体力が失われていた。
・治療法が確立されていない病気で、食事も水も口にせず、意識レベルが低下した状態で余命を宣告された。
・高齢のペットが毎日痛みや苦しみに耐えているが、それを和らげてあげることができず、その姿をみるのがつらくなった。

これらの事例からもわかるように、安楽死を選ぶ状況はさまざまです。どの事例でもペットの苦しみを終わらせ、尊厳ある最期を迎えさせるために、飼い主が考え抜いた末の結論であることは言うまでもありません。

安楽死を検討するときの留意点

実際に安楽死を検討する際には、まず獣医師とともにペットの苦痛の程度を評価することが重要です。食欲不振、鳴き声の変化、呼吸困難など、ペットの行動や症状の変化を注意深く観察します。そして、獣医師と相談しながら、まずは苦痛を和らげるための鎮痛薬や緩和ケアを始めていきます。

緩和ケアをもってしても、ペットの苦痛が耐え難いものであり、治療による回復の見込みがない場合、安楽死を検討することになります。ペットが日常生活を送ることが困難で、苦痛が常に続くような状態なら、苦しみから解放してあげることもまたターミナルケアの信念である「ペットの尊厳」を守ることにつながるからです。

また、安楽死によってペットだけでなく飼い主も救われる場合もあります。老齢のペットの場合、寝たきりの状態から回復する見込みがないまま介護が長引くことで、介護者である飼い主の肉体的、精神的、経済的な負担が大きくなりすぎることもあります。治療の余地がないことが前提とはなりますが、飼い主が介護の限界を超えて健康を害したり、ペッ

安楽死の判断

家族全員で話し合い、それぞれの意見や感情を尊重することが大切。子どもがいる場合は、ペットの死について適切に説明し、子どもの感情をサポートすることも忘れてはならない。

トに対してネガティブな感情を抱いてしまったりする前に安楽死の選択をすることは間違いではないと思います。

安楽死の判断は、獣医師の助言をもとに飼い主が下すことになります。この決断は家族みんなに影響を与えるため、全員で話し合い、それぞれの意見や感情を尊重することが大切です。子どもがいる場合は、ペットの死について適切に説明し、子どもの感情をサポートすることも忘れてはいけません。

安楽死の手続きとしては、まず獣医師と十分に相談し、ペットの状態と今後の見通しについて理解することが必要です。そして、法的な手続きとして、安楽死に関する同意書を作成し、飼い主の意思を明確にします。安楽死の実施は、獣医師が適切な方法で行います。一般的には、静脈注射による方法が選ばれます。

ペットの安楽死に使用される静脈注射（麻酔薬）としては、迅速で苦痛を伴わない方法としてペントバルビタールが広く認知されており、最も一般的に使用されます。

・投与…獣医師が静脈に注射する。
・作用…短時間で鎮静効果が現れ、深い意識喪失を引き起こす。その後、呼吸と心臓が停止する。
・時間…注射後、通常は数秒から数分以内に死に至る。

亡くなったペットは飼い主が苦しむことを望まない

安楽死の後は、飼い主（家族みんな）と同居ペットに対する心のケアが非常に重要です。ペットを失う悲しみだけでも深刻な心理的影響を与えますが、安楽死となれば「本当に死なせてよかったのだろうか」「力尽きるまでそばにいてあげた方がよかったのではないか」という後悔の念が多かれ少なかれ飼い主の心を締めつけます。

もし、日常生活に支障が出るほどに後悔の念に苦しめられる場合は、家族や友人と対話したり、専門家によるカウンセリングを受けることをおすすめします。

ペットとのお別れを前に、感情の整理をつけ、精神的な健康を保つことが大切です。安楽死を選択したことで自分を責めてしまう飼い主もいますが、それはペットへの深い愛情の表れなのだと自分に言い聞かせてください。あなたは、ペットの苦しみを取り除くために、勇気ある決断をしたのです。

また、亡くなったペットは、飼い主が後悔の念に苦しみ続けることを望んでいるか、想像してみてもよいかもしれません。それが、トライアングルケアの2つめ、命の結末を迎えたペットとの別れを受け止めるグリーフケアの第一歩となります。

大好きなピカちゃんへ

13年間、一緒に生活してくれて、本当にありがとう！
ベンガル猫の雄とはいえ、毎日、約9kgの巨漢でよく走り回って遊んだね。

ピカちゃんって呼ぶとおとぼけの顔して、必ず、返事してくれたし、疲れて帰ってくると、よく甘えてくれて、やさしく心の温もりを与えてくれたね。

君のことを忘れることはないから、いつでも遊びに来てください。
また、日向ぼっこしながら、一緒にお昼寝したいです。

天国に行ったら、毎日、大好きなフードをたくさん食べて、過ごしてね！
そして､残ったライムちゃんを見守ってあげてください。

どうぞ、安らかに眠ってください。

サニー

著者も終末期を迎えた猫（ピカちゃん）と暮らしていましたが、この本の発売を迎える頃には虹の橋を渡っている見通しとなりました。そのため、予定はしていませんでしたが、校了間際にこのメッセージを盛り込むことにしました。

第2章

Unconditional love

命の終末を受け止める グリーフケア（祝別ケア）

1 グリーフケア（祝別ケア）とは

飼い主にとって第1章で解説したターミナルケアの負担は重いものですが、愛するペットを亡くすとなると、その悲しみもまた言葉では表せないほど深いものです。ペットとの別れは、親や子を失ったのと同じくらいの喪失感を伴います。涙が止まらなくなったり、虚しさや絶望感に襲われたりするのは、人として自然な反応です。

こうした喪失のプロセスに寄り添い、ペットロスを乗りこえるためのサポートを行うのが、トライアングルケアの2つめの行程である「グリーフケア（祝別ケア）」です。グリーフとは「喪失」や「悲嘆」を意味する言葉で、大切な存在を失ったときに感じる深い悲しみのことを指します。ペットの場合、グリーフケアとは、命の衣を脱いで虹の橋を渡ったペットというよりは、その飼い主や子どもを含めた家族みんなに対する悲しみのケアといえるでしょう。

日本語では「グリーフケア」を「祝別ケア」と表現することがあります。これは、亡くなったペットの魂が天国へ旅立つことを「祝福」するという意味が込められています。悲嘆に暮れる飼い主を支え、ペットの死を受け入れるための助けとなるケア。それがグリーフケアなのです。

グリーフケアのプロセスは幅広い

グリーフケアのプロセスは、ペットが亡くなった直後だけではありません。ペットが亡くなる前の準備、ペットの死から火葬や納骨などを経て、飼い主がその後の人生を歩み始めるまでの幅広いプロセス全体を指します。

正常な悲嘆のプロセスをたどり、ペットの死を受け入れるためには、思う存分悲しみ、涙を流すことが大切です。無理に感情を抑えつけられるようなことがあってはなりません。

また、ペットの死に伴う手続きも、グリーフケアの一環です。愛するペットを失った直後は、何をどうしたらよいのか、まったくわからなくなってしまうものですが、人と同様に葬儀の準備や死亡届などたくさんの手続きが必要になります。特に、ペットの葬儀は業者や金額によって対応がまったく異なることも少なくありません。ペットが亡くなってからさらなる後悔の念を抱かないようにするためにも、ペットの遺体の処理方法や葬儀の仕方、必要な届け出などを事前に調べておくことをおすすめします。

グリーフケアは、ペットロスによる深い悲しみから立ち直るための支えとなります。ときには、悲しみが強すぎて食欲不振や不眠など、日常生活に差し障るほど心身に異常をきたすこともあるかもしれません。そのような深刻な悲しみを、適切なグリーフケアによって癒していくことが求められます。

どのようにして喪失の悲しみから抜け出せばよいのかイメージできない人も多いでしょうが、まずはペットの死を悼み、偲ぶことです。ペットの思い出を語り、遺骨に向かって話しかけ、墓参りをする。ペットロス経験者が集まり、互いの思い出を共有し合う。こうした行為すべてが、大切なペットの魂を弔い、自身の悲しみを癒やすプロセスになるのです。今は悲しみのどん底にいるかもしれませんが、少しずつ喪失を受け止めて悲しみが和らいでいくとき、きっとあなたも前を向いて歩き出す勇気を取り戻せるはずです。

次に、グリーフケアの目的や具体的な方法、注意点などを解説していきます。グリーフケアを通じて、ペットを失った人が再び笑顔を取り戻せるよう、飼い主を見守ってくれているペットのことを思い浮かべながら、ゆっくりとページをめくってみてください。

2

グリーフケアの目的

グリーフケアは、ペットを亡くした飼い主の深い悲しみに寄り添い、喪失の痛みを和らげ、新たな日常を歩んでいくことを目的とします。

愛するペットを失う喪失感はときに、食欲不振や不眠、腹痛や頭痛、抑うつ状態など、心身の健康に影響を及ぼすこともあります。実際、ペットを亡くした経験がある飼い主のうち約45%がそのような心身の不調を経験したというデータもあります。グリーフケアは、そのような状況を予防し、少しでも穏やかな日々を取り戻すためのものです。

グリーフケアは、ペットロスに伴う感情の変化を受け止め、自分のペースで乗りこえていくためのサポートも行います。ペットを失った悲しみは、怒りや罪悪感、孤独感など、さまざまな感情を引き起こします。悲しみの現れ方は十人十色で、向き合い方や乗りこえ方も人それぞれです。そのような感情の表出を促し、飼い主自身が感情と向き合うプロセスを支えることもグリーフケアの役割のひとつです。

悲しみを乗りこえるために、同じ思いをもつ人たちと悲しみを分かち合い、支え合うこともあるでしょう。ペットを亡くした飼い主の痛みを最も理解できるのは、同じ経験をした人たちです。グリーフケアを通して、そのような仲間と出会うこともまた心を癒す手助けとなります。

温かい記憶を心の糧とする

グリーフケアのもうひとつの大切な目的は、ペットとの思い出をポジティブに捉え、永遠の絆として心に刻んでいくことです。ターミナルケアからペットの死に至るまでの日々は、飼い主にとってつらく悲しい時間でしょう。しかし、ペットとの関わりは、そのような悲しみだけではなかったはずです。ペットと一緒に過ごした楽しい日々、笑顔あふれる思い出もきっとたくさんあるのではないでしょうか。グリーフケアは、そのような温かい記憶を大切に思い出し、心の糧としていくことを助けます。亡くなったペットもまた、飼い主がその思い出を胸に前を向いて歩んでいくことを願っているでしょう。

失った悲しみを乗りこえることは、新しい命を迎えるための準備を整えることと同義です。ペットロスの悲しみを乗りこえた先に、また新しいペットを迎える日が来るかもしれません。もちろん、亡くなったペットの存在はかけがえのないものです。しかし、新しい命を迎えることは、亡きペットへの裏切りではないのです。むしろ、亡きペットとの絆を胸に、また新たな愛情を注ぐ勇気をもつことこそ、最大の供養になるといえます。

このように、グリーフケアはペットを喪失した悲しみを和らげるだけでなく、ペットとの楽しかった日々を胸に刻んで新たな一歩を踏み出すことを目的としています。亡きペットもまた、愛する飼い主が再び笑顔を取り戻せることを、虹の橋の向こうから願っているに違いありません。

次に、グリーフケアを無理なく自分のペースで実践するために心がけたいことや、具体的な方法を紹介していきます。

3 グリーフケアを行うときの注意点

悲しみの深さは人によって異なる

グリーフケアを行うときに意識をしておきたいのが、ペットロスの悲しみは人によって度合いが異なるということです。当然、主に世話をしていた人が最も強い悲しみを抱くことになります。ペットと一緒に暮らした家族のみんなが悲しみを抱きますが、その度合いに大きな差があることは認識しておかなければなりません。幼い頃からペットと一緒に育った場合も、その喪失感は計り知れません。物心ついたときからずっとペットと一緒に暮らしてきた子どもにとってペットは兄弟のような存在であり、その死は自分の半身とも言える存在を失ったことを意味します。

このように、ペットがどれくらい生活に関わっていたかで悲しみに大きな差が生じます。グリーフケアを行う際は、家族それぞれがペットとの絆の深さを共有し、悲しみの違いを認識することが大切です。そして、互いの気持ちを尊重し合うことを心がけましょう。

ペットの死に対する子どもの反応

ほとんどの子どもにとって、ペットは大切な家族の一員であり、特別な強い絆を結ぶ存在です。そのため、ペットの死とそれによる喪失は、以下のような場合、特に強い痛みを伴います。

・初めて一緒に暮らしたペットだった。
・病気や障害などの理由により、その子にとってペットが特別な存在だった。
・祖父母や友人の死など、他にも大きな喪失があった。
・転校、両親や他の家族との別れなど混乱が多い。

子どもの年齢や死に対する概念が、ペットを失ったときの反応に影響することもあります。

・2歳までの子どもは死というものをあまり意識しないが、家族など他の人が悲しんでいれば、その緊張に気づくことが多い。
・2〜4歳の子どもは死が永続的なものであることを理解するのが難しく、「○○はどこに行くの?」「どうして動かないの?」と、親に尋ねることもある。
・5〜10歳の子どもは、「どうして目が閉じないの?」「土のなかに入ったらどうなるの?」「他のペットは寂しくないの?」など、いつもと違うペットの状態や死後の世界について質問するようになる。
・ほとんどの子どもは、9歳以上になると生物学的に死が確定していることを認識し、死後や埋葬など死にまつわる側面に興味をもつようになる。
・思春期は感情が高ぶりやすく、家族や友人と感情を分かち合ったり、ペットの死という現実的な問題について話したり、考えたりすることを嫌がることがある。ただし、他の家族よりもペットをより身近に感じているかもしれない。

悲しみにある子どもをサポートする際、意識しておきたいポイントをいくつか紹介します。
・ペットの死を「いなくなった」ことにはしない。
・子どもが理解できる言葉を使う。「眠る」ではなく、「死んだ」「亡くなった」といった直接的な表現の方が適切。特に低年齢の子どもにとって婉曲的な表現は混乱や不安を引き起こすかもしれないことを認識する。
・ペットがどのように死んだか(病気や事故など)について話す用意はしておくが、苦痛を与えるような詳細な描写は含めない。

・知らない人からのペットの死についての話を聞かせないようにする。
・ペットに関する選択肢を話し合い、決定する際には、子どもも参加させる。
・子どもの悲しみを過小評価してはならない。ペットのことを話したり、物語や詩を書いたり絵を描いたりして、感情を表現することを促し、励ます。それにより、一緒に楽しい時間を過ごしたペットへの感謝の気持ちが自身の心のなかにあることに気づかせる。
・ペットの存在意義や重要性について、共にした生活で何を学び、経験したのかを理解すること促す。
・子どもがひどく動揺している場合は、担任の教員に知らせることも大事。
・悲しみを分かち合うことを恐れない。心を開いてもらい、自殺などを考えさせないようにする。
・心身に負の影響を及ぼしているかもしれない他の喪失を考慮する。子どもが他の大きな困難を抱えている場合、ペットの死が最後の藁（限界を超えるきっかけ）になるかもしれないため、専門家の助けを考える。

一緒に育った大切なペットを失った子どもの寂しさを、外観が似たぬいぐるみを買うことである程度は癒せると思うかもしれませんが、それは難しいでしょう。過去にペットロスを体験した多くの飼い主の経験に鑑みると、まずは亡くなったペットを納得のいく方法で弔い、新しいペットを新たに迎え入れる心の準備が整うまで待つのが最善です。

子どもたちが次のペットをいつ迎えることができるのか、そのタイミングやきっかけはとても個人的なものです。新しいペットを迎える前に、前のペットにはしてあげられなかったけれど、次のペットにしてあげたいことを聞いたり、飼い主として身につけておくとよりよい知識や技術（たとえば、心肺蘇生法や気道異物除去法などの救急救命法）を勉強したり、保護動物の預かりや動物保護施設でのボランティアを経験したり、友人や親戚のペットの世話やしつけに時間を費やすことで、その準備ができているかを見極めることができるかもしれません。

やがて、新しいペットを迎える時期が来たら、そのことに罪悪感を抱かせないようにしてください。それぞれのペットには個性があり、飼い主としてそれぞれに愛情を注ぐことが大切です。天国のペットはいつも家族に愛情を注いでくれている、そのことを子どもに伝えてください。そして、私たちも常に天国のペットを愛し、心に留めて生きていくことを子どもと一緒に誓ってください。

声がけとふれあい（ケアハグ）

悲しみに暮れる人に対して、気持ちを切り替えようとする言葉はかえって相手を傷つけてしまうこともあります。悲しみから目をそらさず、そっと寄り添い、思いを共有することが大切です。また、ペットを失ったとき、多くの飼い主は自身のケアが適切だったのか後悔の念に苛まれています。「できる限りのことをしてあげたね」「あなたは本当によく頑張ったよ」などの言葉をかけ、ペットのために精一杯尽くしたことを認め、ターミナルケアをねぎらうことで、気持ちを少し軽くしてあげられるはずです。

下手な声がけで傷つけてしまうくらいなら、体のふれあいで悲しみを癒すケアハグという選択肢もあります。ケアハグとは、ペットロスなど喪失感に悩む人を癒やし、慰めるための抱擁術のことです（動物にも有効）。まずはゆっくりと脇の下に両手を入れて抱きしめ、互いの心臓を合わせるようにします。慰める側の人の手は相手の肩甲骨の間に当て、手は動かさないようにします。ハグを20秒以上行い、落ち着きと安心感を与えることを目指します。ケアハグによってオキシトシンという脳内物質（愛情ホルモン、幸せホルモン、絆ホルモンなどと呼ばれる）が分泌され、ストレスが軽減し、心理的な安定を取り戻すことができると言われています。

ペットを失ってすぐは、その悲しみとしっかり向き合うべき時期です。遺品の整理やペットがいなくなったことに伴う引っ越し、新しいペットの迎え入れなど、大きな決断は先延ばしにし、急がせるような言動は避けるようにしましょう。悲しみの最中にあるときに、そのような決断を下す心の余裕はありません。

悲嘆の極みにある人への対応と注意点

ときには、ペットロスの悲しみがあまりに深く、「死にたい」という言葉を口にする人もいます。そんなときは、絶対に否定せず、真剣に耳を傾け、その気持ちに共感することが大切です。「死にたいと思うほど、今はつらいのですね」と、寄り添う気持ちを伝えながら、「なんとか力になりたい」という思いを示しましょう。「命を大切にしなきゃダメ」などの一般論を押し付けるのは禁物です。自殺を考えるほど追い詰められている人にとって、そのような言葉はかえって責められているように感じられます。

むしろ、自殺の話題から話をそらさずに、その人の気持ちに寄り添ったうえで、「あなたは大切な存在だ。あなたがいなくなったら私は悲しい」と伝えることが、絶望感や無価値観を和らげ、自殺を止める助けとなるでしょう。

グリーフケアは、悲しみを抱える人の心に寄り添うことから始まります。家族それぞれの感情を尊重しつつ、言葉をかけ、そしてハグをする。そのような心からのケアが、ペットロスを乗りこえる大きな助けとなるのです。

亡くなったペットの気持ちを想像して話し合うのも有効な方法のひとつです。実は、死ぬ間際にペットから別れのメッセージが届いていることもあります。次に、飼い主の悲しみを和らげてくれるペットからの不思議なメッセージを紹介していきます。

ケアハグ

悲嘆のなかにある人は血圧と心拍数が高まり、呼吸も早くなる。それにより、脳に酸素が十分に供給されず、混乱や感情の高ぶりが起こる。ケアハグは、その人の落ち着きを少しずつ取り戻していくために行うもので、慰める側の人（ケアラー）の落ち着きのある心拍数やぬくもりを優しく伝える抱擁術。ケアラーは相手の脇の下にゆっくりと両手を差し入れ、肩甲骨の間に手のひらを当てる（手は動かさない）。そして、互いの心臓を合わせ、20秒以上抱擁する（ケアラーの落ち着きある心臓の鼓動やぬくもりを相手に伝える）。悲嘆のなかにある人は、ケアハグによってオキシトシンが分泌され、人と人が意味のある絆で結ばれているという感覚が刺激され、血圧や心臓の鼓動が落ち着き、ストレスが軽減される。

✕「命を大切にしなきゃダメ」などの一般論は禁物

○「そんなにつらかったのですね」と寄り添う。共感を示しながら話を聞き、「あなたは大切な存在」「あなたがいなくなったら私は悲しい」と伝える

悲嘆の極みにある人への対応

①余計なことは言わない。誰かが静かにそばにいることやハグで癒される。
②安心できる声がけを行う。十分に役割を果たしたことを承認する。
③大きな決断や判断を急き立てない。
④「死にたい」というサインを見逃さない。

- 傾聴する…「死にたいと思うほど、とてもつらいんですね」など相手の気持ちに寄り添い、共感を示しながら話を聞き、「なんとか助けになりたい」と伝える。
- 一般論を押し付けない…自殺を考える人は、「この苦しみから逃れる方法はそれしかない」と追い詰められている。「もっとつらい人はたくさんいる」「命を粗末にしてはダメだ」「旅立ったペットが悲しむ」などの一般論を投げかけることは、責められているという気持ちにつながることがある。
- 話題をそらさない…話すことで気持ちが整理されたり、安心感につながることがある。自殺についても話題をそらさずに向き合う。
- 気持ちを伝える…悲嘆に暮れている人は「自分は無責任で価値のない人間」など、無価値観や絶望感を抱いていることがある。その心理に寄り添いながら、「あなたは大切な存在」であることを伝える。

4
ペットから飼い主へのメッセージ

ペットの命が燃え尽きる直前、ペットがいつもと違う行動をとることがあります。これは、ペットからのお別れ行動（ELE、エンド・オブ・ライフ・エキスペリエンス）と呼ばれるものです。たとえば、ペットが亡くなる直前、急に元気を取り戻したかのような動きをしたり、それまでは人と触れ合うことを嫌っていたのに寄り添ってきたりすることはよくあります。思い出深い場所に移動する、飼い主の目をじっとみつめるといった行動をとることもあるようです。これらは、ペットが飼い主に感謝や愛情、別れの気持ちを伝えようとしている証なのかもしれません。

逆に、死が近づいてきたペットが飼い主を避けるケースもあります。第1章でもふれたとおり、野生の本能から弱みをみせるのを嫌うため、というのもありますが、ペットの情動伝染（飼い主の気持ちを自分のことのように受けてしまうこと）が原因のことも少なくありません。自らの死が近づき、「悲しみに暮れる飼い主の姿をみたくない」「弱った自分の姿が飼い主を悲しませている」と感じることで、飼い主から距離をとるケースもあるのです。これもまた、お別れ行動のひとつと言えます。

また、ペットが亡くなった後、残されたペットや新たに迎えたペットが何もない方向をみつめたり、亡くなったペットの骨壺や写真に特別な関心を示したり、夜中に急に鳴いたりすることがあります。これらの行動は、飼い主からすると少し不気味に感じられるかもしれませんが、動物ならではの感知能力で亡くなったペットの存在を感じ取っているのかもしれません。

こうしたペットの不思議な行動は、理屈では説明できないことが多いものです。また、説明する必要もありません。こういったペットからのメッセージは、ただ素直に受け止めるだけでよいのです。ペットが、最期のときまで精一杯生き、飼い主への愛情を示してくれていたのだと感じることが大切です。

そして、これら別れのメッセージを受け止めることは、ペットロスからの回復の第一歩となります。愛するペットとの別れを認め、その絆が死後もなお存在することを実感し、少しずつ前を向いて歩き出すことができるのです。

では次に、ペットロスの悲しみを乗りこえるための具体的な方法を説明していきましょう。

5 ペットロスを乗りこえる4ステップ

大切なペットとの別れはとてもつらいものですが、この世を去ったペットたちは大好きだった飼い主に笑顔でいてほしいと思っているはずです。時間はかかってもよいので、少しずつ悲しみを受け止め、乗りこえていきましょう。

とはいえ、残念ながらペットロスの深い喪失感を一気に切り替えるような方法はありません。段階を踏んで少しずつ悲しみを癒してください。

ここからは、ペットロスを乗りこえるための方法を4つのステップに分けて紹介していきます。

ステップ1　喪失の事実を受け入れる

ペットの死に直面したとき、まず大切なのはその事実を受け入れることです。これは、心の整理を始めるための最初のステップといえます。

ペットを失った事実を受け入れるための儀式がお葬式です。詳しくは後で述べますが、お葬式は祝別式とも呼ばれ、ペットが痛みなどの肉体の苦しみから解放され、日没とともに西の空に魂を送り、翌朝、新しい魂となって戻ってくることを祝う意味合いもあります。肉体を失ってしまっても、存在そのものが失われるわけではありません。いなくなったのではなく、次の段階に進んだという捉え方をしてあげられると少し心が軽くなるのではないでしょうか。

ペットが亡くなった後は、お葬式だけでなく必要な手続きがいくつかあります。悲しみに暮れてそれどころではないかもしれませんが、そういった手続きをこなすことが喪失を受け入れる手助けになることも事実です。ひとりで抱え込まず、周りの人に助けを求めながら、少しずつ進めていきましょう。

ステップ2　悲しみと向き合い、徐々に乗りこえる

悲しみは自然な反応です。それを無理に抑え込むのではなく、しっかりと感じることが重要です。時間をかけて悲しみと向き合い、徐々にその感情を整理していきます。

この段階では、感情を抑えずに表現することが大切です。泣いたり、話したりすることで、心の負担が軽減されます。亡くなる前のペットの姿を思い出すのはつらいかもしれま

せんが、元気だった頃のペットを思い浮かべることは、悲しみを和らげる助けになるかもしれません。どうかペットのことをたくさん思い出して、泣いてください。悲しみや涙を無理にこらえていると、心の傷が癒えるのにかえって時間がかかってしまうことがあります。泣きたいときは思い切り泣くことも大切です。

泣くことは感情表現の一種で、ストレスの発散になります。涙には、ストレスによって生じる苦痛を和らげる脳内モルヒネ「エンドルフィン」に似た物質やストレスホルモンであるコルチゾールやアドレナリンなどが含まれており、泣くことでこれらのホルモンが体外に排出されるため、ストレスの解消に役立つと言われています。

また、泣くことによって、感情的な緊張や不安感が緩和され、リラックス効果が得られることもあります。リラックスした状態（気持ちが落ち着いた状態）とは、副交感神経が優位な状態にあることを指します。副交感神経は「休息の神経」とも呼ばれ、活性化すると血管を広げ脳の血流がよくなるため、体がリラックスした状態になります。副交感神経がはたらいて涙を流すことで、気持ちが落ち着き、旅立ったペットと過ごした日々を美しい思い出として捉えたり、楽しかった記憶として心の整理を行いやすい状態になると言われています。

この段階では、ペットロスを経験した人たちとの交流やカウンセリングを受けることも有効です。ペットロスの悲しみは言葉では表せないほど大きいものですが、その悲しみを分かち合うことで、少しずつ癒されていく可能性があります。サポートグループなどを利用して、悲しみを共有し、乗りこえる助けを得ることができます。

ステップ3　ペットのいない日常に慣れる

ペットがいた日常からペットがいない日常に移行することは簡単ではありません。しかし、徐々に新しい生活に慣れていくことが大切です。生活環境が変わってしまうことで、ペットの存在が本当になくなってしまうように思われるでしょうが、決してそんなことはありません。ペットは魂や思い出というかたちで飼い主のそばにいます。

また、ペットが亡くなった後、「もっとこうしてあげればよかった」と後悔の念にかられることもあるかもしれません。しかし、これは生きているうちにできる限りのことをしたいという、飼い主の愛情の表れなのです。後悔をなくすことは難しいかもしれませんが、逆に自分がしてあげられたことを思い出してみてください。ペットとの楽しかった日々を思い出すことで後悔以外の感情も生まれてくるでしょう。

ペットが亡くなると、日常のなかにその存在が大きな空白として残ります。その空白が空白のままである限り、ペットのことを思い出し、悲しくなってしまいます。少しずつでも空白に新しい日常を築いていくことで、前向きな生活を取り戻していってください。

ステップ4　失ったペットを心において生活する

前向きな日常を取り戻すことは、ペットに対する裏切りでは決してありません。肉体を失い、かたちを変えても、ペットはずっと私たちの心のなかで生き続けます。ペットから教わった愛情と絆は、永遠に飼い主の心のなかで生き続けるのです。

ペットとの思い出を胸に刻みながら、その愛情を新たな日常に活かすことで、ペットロスからの回復が進みます。思い出を大切にし、新しいステップを踏み出すことが重要です。たとえば、ペットの写真を整理したり、記念品を作成したりすることで、ペットとの思い出を大切に保つことができます。

また、時間が経過し、心の準備が整ったら、新しいペットを迎えることもひとつの方法です。ペットを失ったからといって、すぐに次のペットを迎え入れる必要はありませんが、いつかは新しいペットと出会う日が来るかもしれません。もちろん、新しいペットは前のペットの代わりではなく、新しい命として迎えることが大切です。ただ、亡くなったペットを最後までお世話した経験は、絶対に新しいペットと暮らしていくうえでも活きます。そして、そのことを感じられたとき、亡くなったペットの魂が、新しいペットを通して、

ペットロスを乗りこえる4ステップ

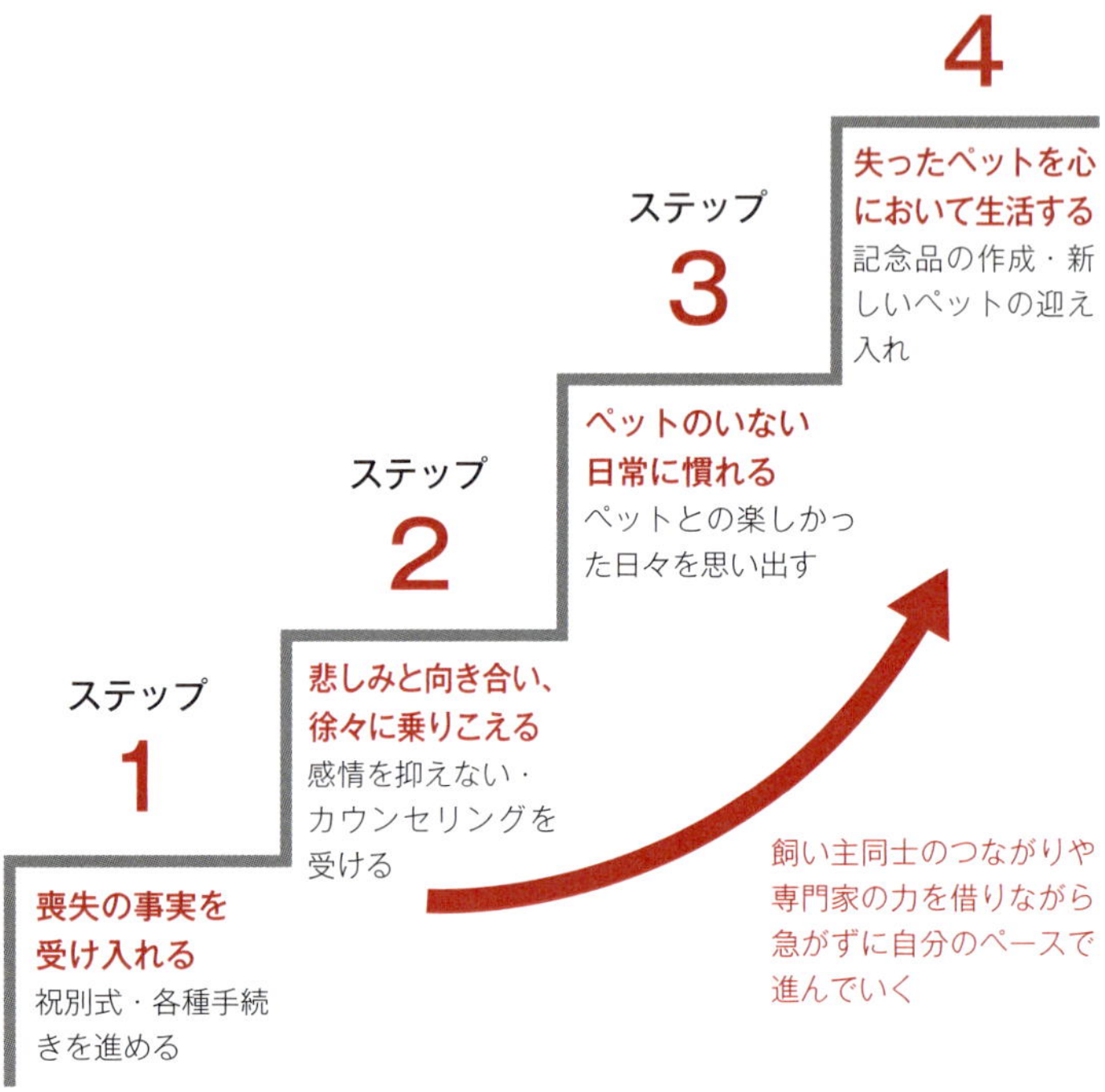
ステップ1
喪失の事実を受け入れる
祝別式・各種手続きを進める
ステップ2
悲しみと向き合い、徐々に乗りこえる
感情を抑えない・カウンセリングを受ける
ステップ3
ペットのいない日常に慣れる
ペットとの楽しかった日々を思い出す
ステップ4
失ったペットを心において生活する
記念品の作成・新しいペットの迎え入れ
飼い主同士のつながりや専門家の力を借りながら急がずに自分のペースで進んでいく

飼い主に語りかけてくれているような気持ちになれるかもしれません。

急がずに自分のペースで進んでいく

このように段階を踏んで悲しい気持ちを整理していくことで、ペットロスの悲しみを少しずつ乗りこえていくことができます。もちろん、急いで立ち直る必要はありません。自分なりのペースで、一歩ずつ前に進んでいってよいのです。

そして、グリーフケアを

ひとりで行うのが難しい場合は、誰かに心の救いを求めましょう。悲しみで何も手につかないとき、飼い主同士のつながりや、専門スタッフ（獣医師や愛玩動物看護師など）との情報交換が大きな助けになります。そういう意味では、ペットがいなくなってからではなく、ターミナルケアが始まったくらいの段階から、グリーフケアを見据えた人間関係の構築や情報集めなどをしておくとよいかもしれません。

6 グリーフケアの事前準備

グリーフケアというとペットの死後に必要になることというイメージが強いかもしれませんが、事前にやっておけることもあります。

たとえば、葬祭場や死に伴う手続きを調べておくことや、ペットが亡くなったときに相談できる場をみつけておくことなど、生前からの準備をおすすめします。喪失感の最中に冷静な判断を下すのは難しいことですし、残念ながらその悲しみにつけ込む悪徳業者も一部存在するようです。

生きているうちから死を考えるという行為に抵抗感を抱く人も多いでしょう。しかし、ペットとの別れの際にさらに傷ついたり後悔したりすることがないよう、情報を得ておくことは大切です。個人で対応するだけではなく、相談できる場所を確保しておくことが、ペットロスの悲しみを抱え込みすぎないことにつながります。

ペットの葬祭場を調べておく

特に、ペットの葬祭場についてはぜひ情報を集めておいてください。人の葬儀とは異なり、ペットの葬儀は法規制が緩く、業界の成熟度も低いため、サービスの質に大きな差が生じることがあります。

質の悪い葬儀サービスでは、施設の不衛生さ、スタッフの不適切な対応、料金の不透明性、さらには遺骨の取り違えなど、さまざまな問題が起こる可能性があるのです。口コミなども参考にしながら情報を集め、自宅近くの葬祭場や立ち会い火葬ができる施設などをリストアップしておきましょう。可能であれば、事前に見学や問い合わせをしておくことをおすすめします。

死後の手続きを把握しておく

ペットが亡くなった後に必要な手続きについても調べておくと、精神的な負担を減らすことができます。たとえば、犬の場合は狂犬病予防法により死亡届の提出が義務付けられています。マイクロチップを登録している場合は、指定登録機関への連絡も必要です。これらの手続きを怠ると罰金に処せられる場合があります。

その他、血統書団体への届け出やペット保険の解約など、さまざまな手続きが必要ですので、混乱しないよう必要書類などをまとめておくとよいでしょう。

情報収集とペットロス体験の共有

グリーフケアのための情報収集には、SNSも有効なツールとなります。SNS上には、ペットの葬儀や手続きに関する情報を共有するコミュニティがあり、そこでいろんな飼い主の経験談を読んだり、質問をしたりすることで、より具体的で実用的な情報を得ることができます。たとえば、良質な葬儀サービスの口コミや、手続きの具体的な流れなどを知ることができます。

また、SNSは単なる情報収集だけではなく、ペットロスを経験した人たちがつながり、サポートし合う場としても非常に有効です。さまざまなコミュニティに参加することで、同じ悲しみをもつ人と交流し、少しずつ気持ちの整理を進めることができます。SNS上で自分の感情を吐露したり、他の人の体験談を読んだりすることで、自分ひとりではないという心境になれるかもしれません。また、新たなペットを迎え入れる準備をしている人の話を聞くことで、将来への希望を見出すこともできるでしょう。もちろん、SNSの利用には注意も必要です。悲しみに浸りすぎてしまったり、不適切な情報に惑わされたりすることもあります。

情報収集とペットロス体験の共有
講習会やセミナーなどに参加し、同じ経験をした人たちと対話することは、悲しみを乗りこえ、歩みを進める大きな助けになる。写真は、著者が代表理事を務める日本国際動物救命救急協会が主催している「トライアングルケア講習会」の会場風景。

SNSだけではなく、さまざまな人のつながりをつくっておくことも大切です。それにより、情報が精査できますし、SNSから距離をおきたくなったときの逃げ場にもなります。たとえば、動物病院などを通じて遺族会やサポートグループへの参加も検討してみてください。ペットロスの悲しみは、同じ経験をした人にしかわからないものです。そのため、こうした集まりに参加することは、悲しみを乗りこえる大きな助けになります。最近では、動物病院などが主催するペットロスに関する講習会も増えてきました。こうした場に参加することで、ペットロスについての知識を得たり、同じ経験をもつ人たちと体験を共有したりすることができます。ペットが亡くなる前に動物病院のスタッフに悩みを打ち明け、信頼関係を築いておくことが、グリーフケアにもつながっていくのです。

グリーフケアを進めるうえで人とのつながりは不可欠です。ペットに最も近かった人が自分ひとりで考え込んでいると、どうしてもつらかったターミナルケアの記憶やそれに伴う後悔ばかりになってしまいますが、生前のペットといろいろなかたちで関わった人たちと話すことで、楽しかった日々を思い出すことができます。そのような話をするよい機会となるのが、ペットの魂を送り出す祝別式です。

7

ペットの旅立ちを受け入れる祝別式

ペットの死をしっかりと受け止めることが、新たな生活を構築する第一歩となります。そして、喪失の悲しみと向き合うために、ぜひ執り行っておきたいのが祝別式です。

魂の旅立ちを祝福する

祝別式はお葬式とほぼ同義ですが、たんにペットの死を悼むだけでなく、その魂の旅立ちを祝福するという意味合いをもっています。死を迎えることで存在が消えるのではなく、苦しかった体から魂が抜け出して新たな段階へ進んでいくという考え方です。たとえば、ハワイのシャーマンが行う祝別式は「太陽に魂を送り、自然と調和して成長した魂が翌朝戻ってくる」という考え方から夕暮れ時に行われます。死を喪失ではなく魂が成長する機会と捉えているので「別れを祝う」ことができるのです。

この考え方をペットの葬儀に当てはめると、ペットの魂が肉体の苦しみから解放され、

太陽に魂を送る
祝別式は「太陽に魂を送り、自然と調和して成長した魂が翌朝戻ってくる」という考えに基づいて夕暮れ時に行われる。

より純粋な愛の存在となり、自由になったことを祝福する機会となります。魂となっても、ペットはいなくなったのではなく、飼い主を見守ってくれています。

感謝の思いをかみしめて、祝別の手紙を書く

祝別式は魂の存在となったペットを祝うだけでなく、飼い主の気持ちを整理し、前に進むためのものでもあります。家族だけで静かに開くのもよいですし、ペットを通じて知り合った友人や、ターミナルケアを支えてくれた人たちを招くのもよいでしょう。

そんな気の知れた仲間と、亡くなったペットの思い出話をすることで、つらい別れの記憶だけでなく、一緒に過ごした楽しい日々を思い出すことができます。ペットのかわいらしさ、楽しかった思い出、笑えるエピソード、ペットから学んだことなどを語り合うことで、失った悲しみだけでなく、これまで一緒に

いてくれたことに対する感謝の気持ちがあふれてきます。

もし、「この子は本当に幸せだったのだろうか」という不安が頭をよぎったら、「私が幸せだったなら、この子も幸せだったはず」と考えてみてください。後悔の念は深い愛の証です。命の長さも関係なく、どれだけの思いや愛情を込めたかが大切なのです。たとえ一緒に過ごした時間が短くても、注いだ愛情はペットの魂に永遠に刻まれています。

ペットに対して祝別の手紙を書くことも、気持ちの整理につながります。ペットへの感謝の気持ちや、別れの言葉を綴ってみましょう。後悔などのネガティブな気持ちも書き込んで構いません。謝る相手がいないといつまでも苦しみ続けることにつながりますが、手紙にしたため、お棺に入れて一緒に燃やせば、後悔の念も昇華していきます。

祝別式に最も大事なのは、魂の旅立ちを祝ってあげようという思いです。大がかりな「式」にしなくても、手紙やおもちゃをお棺に入れたり、家族であらためてペットの話をできたりしたなら、それは十分すぎるほどの「祝別式」といえます。悲しみに暮れるなか、お葬式の準備をするのは本当に大変ですが、負担のない範囲で「ペットが喜ぶこと」を考えてください。

祝別の手紙

虹の橋を渡ったペットに手紙を書いてみましょう。楽しかった思い出や出来事はもちろん、ペットが好きだった場所やおもちゃ、遊びの種類。もっと、こうしてあげればよかったなど、心からの気持ちやメッセージを自由に書いてみてください。

8 生前に近い姿でお別れするために

人間が亡くなった場合なら、遺体の管理や処理は主に医療機関や葬儀業者が担当し、遺族が直接関わることはあまりありません。しかし、ペットでは状況が異なります。多くの場合、飼い主自身が大なり小なり遺体の処理に関わる必要があるのです。これは、最後の時間を過ごす貴重な機会である一方で、精神的にも身体的にも大きな負担となります。そのため、ペットの遺体管理について正しい知識をもち、適切に行うことが重要です。

遺体を清める

ペットが亡くなった直後に施す処置を「エンゼルケア」と呼びます。具体的にはペットの体を清めた後、手足を胸のところで折り曲げて寝ているポーズにし、お棺に収まりやすい状態にする作業です。遺体の清め方には2つの方法があります。

1つめは清拭《せいしき》です。これは濡れたタオルやガーゼで体を優しく拭き、清潔にする作業です。多くの場合、飼い主自身が行います。ペットの場合、体を拭くだけでなく、ブラッシングなどをしてあげてもよいでしょう。この作業は、大切なペットとの最後の時間を過ごす貴重な機会となります。2つめは湯灌《ゆかん》で、これはより専門的な処置です。ぬるま湯で遺体を清める作業で、通常は専門家が行います。ペットの場合、この処置が必要となることは少なく、多くの場合は清拭で十分です。

清拭と湯灌のどちらを選ぶかは、飼い主の希望や亡くなったときの状況によって異なります。どちらを選んでも構いませんが、飼い主自身でエンゼルケアを行う際は感染症のリスクにも注意が必要です。ペットの遺体を触るときにはマスクや手袋を着用し、処理後の清掃・消毒や遺体の保冷もできる限り行いましょう。これにより、飼い主や他のペットの健康を守り、安心してペットとの別れを迎えることができます。

遺体を安置する

清めた後は遺体を安置します。遺体が入る箱を用意し、毛布やタオルごと入れます。夏場など湿度が高い時期は、遺体の劣化を防ぐため、保冷剤などを使用します。また、腐敗を防ぐために、18℃以下に設定したエアコンの効いた部屋に安置することが望ましいでしょう。

遺体の保冷にドライアイスを使用する場合は、二酸化炭素中毒の危険性があるため、基本的に専門業者に任せることをおすすめします。もし家庭で使用するなら十分に換気すること、ひとりで作業しないことなどを心がけてください。遺体の処理にはエンバーミングという方法もあります。エンバーミングは動物の血液をすべて抜き、代わりに防腐剤を注入する処置で、主に土葬が一般的な国々で行われます。日本では火葬が一般的であるため、通常は必要ありません。ただし、エンバーミングを行うと感染症のリスクがなくなり、葬儀に訪れた人が遺体に触ることができるという利点はあります。ドライアイスの使用やエンバーミングなどの専門的な処置は、専門業者に任せましょう。多くのペット葬儀業者では、遺体管理や特殊な処置に関する専門的な知識と経験を有するスタッフが対応してくれます。人の場合は病院が遺体の安置まで実施してくれますが、ペットは葬儀業者に依頼しないと専門的なサービスを受けることはできません。ただし、動物病院によっては簡単な遺体の管理や葬儀業者の紹介などを行っているところもありますので、わからないことがあった場合にはかかりつけの動物病院に相談するとよいでしょう。

ペットの遺体を適切に処理し、生前に近い状態でお別れすることは、飼い主の後悔の念を軽くし、悲しみと向き合ううえでとても大切なことです。

9 悲しみのプロセス

大切なペットを失った悲しみは、人それぞれ異なるかたちで表れます。しかし、多くの人が似たようなプロセスを経験することが研究によってわかっています。この悲しみのプロセスを知っておくことで、自分の感情を理解できるのはもちろん、次の段階への見通しが立てられるようになります。それは、永遠に続くように思える悲しみを軽くすることにもつながるはずです。

ドイツ出身の哲学者で、日本に死生学を広めたカトリック司祭のアルフォンス・デーケンは、人が大切な存在を失ったときに経験する感情的な反応や心理的な段階を5つのステップに分けて説明しています。このプロセスは、人間の悲しみへの理解を深め、多くの人々の心の支えとなっています。

ここから、デーケンが提唱した悲嘆の5つのプロセスと、各ステップで経験する感情、そして受けられるサポートについて紹介します。ぜひ、これらの段階のうち、自身の感情がどこにあるのか、そしてどのようなサポートが必要かを考えてみてください。

ショックと否認

この段階では、ペットの死に直面して強いショックを受け、現実を受け入れられない状態に陥ります。「信じられない」「これは現実じゃない」「悪夢だ」といった思いが強く、混乱した状態が続きます。このような時期には、周囲の人が共感と理解を示すことが重要です。「その気持ちはよくわかります」と寄り添い、静かで安心できる環境を提供することが助けになります。必要に応じて、医師（精神科医）やカウンセラーなどの専門家のサポートを受けることも検討しましょう。

怒り

ショックから少し時間が経つと、怒りや不当感が湧き上がってくることがあります。「なぜこんなことが起こるのか」「どうして私だけがこんな目に遭うのか」といった思いが強くなり、周囲の人や状況に対して敵意や恨みを感じることもあります。ペットロスに陥っている人の場合、動物病院のスタッフなどに敵意が向くことも少なくありません。

この段階では、敵意を相手にぶつけることなく怒りの感情を安全に発散させる場を設けることが大切です。たとえば、日記を書いて感情を吐き出し、客観視してみるとよいでしょう。また、同じ経験をした人たちのサポートグループに参加することで、自分の感情を共有し、理解してもらえる場をみつけることができます。

取引

何かと引き換えに失ったものを取り戻したいと思う段階です。希望と絶望の間で揺れ動く感情が特徴的で「この子が戻ってくるなら何でもする」といった思いが生まれ、自責の念や無力感と闘いながら、何かできることはないかと模索します。偏った宗教や思想に染まりやすい時期ですので、注意が必要です。

周囲の人は、このような感情をしっかりと受け止め、共感と理解を示すことが大切です。同時に、現実とのバランスを取る手助けをすることも重要です。ペットへの思いを語る機会を設けるなど、感情を表出できる場を提供することも効果的です。

抑うつ

深い悲しみや絶望感に襲われ、「何もかもが無意味だ」「どうしてもっと何かできなかったのか」といった思いに苛まれる時期です。罪責感や孤独感、無気力感なども強く感じられます。自分を否定してしまい、自死の方向に意識が向かってしまう人もいます。

この段階にある人に対しては、周囲の人が共感的に耳を傾け、孤独感を軽減するために交流の機会を増やすことが大切です。また、必要に応じて医師（精神科医）やカウンセラーの専門的なサポートを受けることも考慮しましょう。日常の活動や趣味に少しずつ取り組むことで、社会とのつながりを維持することも助けになります。

受容

最終的に、ペットの死を受け入れ、「この子のことを忘れずに前に進もう」という思いが芽生えてきます。新しい希望を見出し、少しずつ立ち直りの兆しが見え始めた段階です。

この段階では、新しい目標を設定したり、将来の計画を立てたりするサポートが効果的です。ポジティブな未来を描くためのワークショップやセミナーへの参加もよいでしょう。小さな成功体験を積み重ね、継続的なサポートを受けながら、自己成長を促していくことが大切です。

これらの段階は必ずしも順番どおりに進むわけではありませんし、個人差もあります。また、各段階にかかる時間も人それぞれです。大切なのは、自分の感情を否定せず、必要

ショックと否認
信じられない・
現実ではない・
悪夢だ
怒り
なぜこんなことが・
どうして私だけが
取引
この子が戻って
くるなら
何でもする
抑うつ
何もかも無意味・
もっと何かでき
なかったか
受容
この子のことを
忘れずに前に
進もう

悲嘆の５つのプロセス

ペットロスは軽いものではないが、多くの人が少しずつ段階を踏みながら立ち直っていく。自分の感情に正直に向き合い、必要なサポートを受けながら、焦らずに一歩ずつ前に進んでいくことが大切。

なサポートを受けながら、自分のペースで悲しみと向き合っていくことです。

　周囲の人たちも、この悲嘆のプロセスを理解することで、悲しみを抱える人に対しより適切なサポートを提供できるでしょう。悲しみを抱える人自身も、自分の状態を客観的に理解することで、必要なサポートを求めやすくなります。

　ペットロスは、決して軽いものではありません。しかし、このように少しずつ段階を踏んで、多くの人が徐々に立ち直っていきます。焦らず、自分の感情に正直に向き合いながら、一歩ずつ前に進んでいってください。

10 グリーフケアの今後の展望

私たちが大切なペットを看取るとき、実はグリーフケアはすでに始まっています。ターミナルケアの段階から、ペットと私たち飼い主を支えてくれる人たちとの関わりが、その後の悲しみを乗りこえる力になるのです。

近年、獣医師や愛玩動物看護師の間でもグリーフケアの重要性が認識されつつあります。たとえば、日本グリーフ専門士協会は獣医師向けの研修プログラムを提供しており、ペットロスに苦しむ飼い主をサポートするための知識とスキルの向上に努めています。こうした取り組みにより、動物病院スタッフは、医療面だけでなく、私たち飼い主の心のケアにもいっそう注力してくれるようになるでしょう。ペットの終末期から、適切な情報提供や心理的サポートを受けられるようになれば、ペットとの別れに対しても多少は心の準備ができるかもしれません。

また、動物病院や葬儀場、お寺などで、ペットロスに苦しむ飼い主の相談を受け付けて

グリーフケアはひとりで抱え込むものではない
獣医師や愛玩動物看護師などペットに関わる専門家との連携が重要。

いるところも増えてきています。ペットとの思い出を共有し、その子らしさを振り返ることは、喪失感を和らげる助けになるでしょう。

大切なのは、グリーフケアは決してひとりで抱え込むものではないということです。ペットと一緒に関わってきた多くの人たちに支えられながら悲しみを乗りこえていきましょう。ペットに関わるさまざまな専門家たちと信頼関係を築けるようになれば、私たちはより充実したグリーフケアを受けられるようになります。そして、その経験は次にペットを迎えるときの自信にもつながるのです。

命の循環

悲しみから立ち直ったり、新しい命を迎えたりすることを、亡くなったペットに申し訳ないと思う人もいるかもしれません。しかし、きっとペットは、私たちが再び幸せになることを願っています。

ペットを最期まで愛情深く育て、その経験を活かして新たな命を迎え入れること。それは「命の循環」の一部であり、私たちと亡くなったペットの絆をさらに深めていくことでもあります。新しいペットと過ごす日々のなかには、亡くなったペットとの思い出が随所に輝いているはずです。

この命の循環については第3章でさらに掘り下げ、亡くなったペットの魂をケアする方法についても解説していきます。ペットとの絆は、かたちを変えても永遠に続いていくもの。その絆を大切にしながら、前を向いて歩んでいく方法を一緒に探っていきましょう。

11 飼い主や仲間を失ったペットへの配慮とケア

ペットは飼い主や同居ペット（仲間）との日々のなかで、深い信頼と縁、絆を結び、ぬくもりのある愛情を築いています。最良のケースでは、ペットは生涯の大半を同じ飼い主と幸せに過ごしますが、ときには死別や離婚などにより大好きな飼い主と離れ離れになり、人と同じように悲しみのどん底のなか、負の感情をもつことが考えられます。

ペットの悲しみを理解するためには、行動の変化などについて、残された家族や関係者が観察するしかありませんが、その悲しみの状態を具体的に評価することは難しいのが実際です。飼い主を失った後のペットの仕草や態度、今までとは違う行動や居場所、違和感のある鳴き声などの感情表現から、ある程度は推察できるかもしれません。具体的なケアの方法については情報が不足していますが、多くの人が、ペットも人と同じように悲しみを感じ、ストレス状態を受けることを経験しています。

飼い主を亡くし、悲嘆に暮れるペットをケアするときに最も大切なのは忍耐です。ペットの感情に共感し、環境変化に適応するのに十分な時間を与えることが大切です。繊細な状況にあるペットの心身の状態や行動は予測が困難ですが、温かくケアする意思をペットに伝える方法や、悲しみを乗りこえてもらうためのサポート方法はたくさんあります。

飼い主が亡くなったらペットはどうなる

飼い主が亡くなったときにペットがたどる道はひとつではなく、飼養環境の変化は千差万別です。民法では、ペットは「物（財産）」とみなされるため、理想的にはペットに関する取り決めを遺言に残し、後見人や世話人を誰にするか、飼養のためにどれだけのお金を用意するかを決めておきたいところです。

飼い主が遺言など法的な備えをしていない場合、ペットを飼養する責任は、順番としてはその家族に求められます。一方、故人が身寄りのないひとり暮らしで、ペットの飼養を引き継いでくれる人がいなければ、残念ながらそのペットは保護施設に送られることになります。このような現実を避けるためには、できる限り早い段階で、後見人の選任や同意、飼養にかかわる費用や場所、支援者などの具体的な後見計画を立てるしかありません。

ペットの悲しみについて私たちは何を知っているのか

動物の生態や行動を研究している学者たちは、多くの種の動物が悲しみを経験していることに気づいており、喪失における段階的かつ複雑な悲しみは人間特有の感情ではないことを報告しています。飼い主との離別におけるペットの具体的な悲しみの程度については明確にはわかっていませんが、多くのペットが何らかの変化の兆候を示します。人が喪に服するのと同じように沈痛な態度を示すこともありますし、絶食や意欲の欠如などさまざまな行動変化をみせるペットもいます。

そのような状態にあるペットのすべてに、悲しみに寄り添ったケアが必要なわけではありませんが、ペットが悲しみの兆候を示している場合、適切なアプローチは、そのペットの生まれつきの性格などに基づいて慎重に検討しなければなりません。エネルギーが強く、活発な性格であれば、その持ち前のポジティブな行動を促すことが悲嘆からの脱却につながるかもしれません。ただし、以前にくらべ引きこもりがちであったり、寝る時間が増えたりといった沈うつな状態であるなら、同じようなアプローチは信頼関係に悪影響を及ぼすおそれがあります。

私たちは、ペットには死を認識する能力があること、そしてその悲しみは私たち人間と同じように個々に異なることを経験的に知っています。つまり、悲嘆に暮れるペットをサポートするときには、彼らの求めを正しく理解するため、十分な観察とそのペットの状態に応じた時間をかけることが重要です。

ペットの悲しみの兆候

動物の悲しみにはさまざまな形態や表現がありますが、その行動を観察することで、ペットが喪失に対しどのように反応しているかを知ることができます。通常、悲嘆の苦しみを経験するペットは、いくつかの一般的な兆候の組み合わせを示し、自身のペースで徐々に克服していきます。悲嘆のプロセスの歩みを早める方法はありませんが、ペットが憂慮すべき、あるいは有害な方法で悲嘆を示す場合は、獣医師（特に獣医行動診療の専門家）の助けが必要です。ペットが悲しみに耐えていることを示す最も一般的な行動は次のようなものです。

①食欲の変化

食欲の急激な変化は、ペットの悲しみの兆候のうち最も憂慮すべきものであり、かつ一般的なものです。顕著な場合、何日も食べずにいることがあります。拒食が長引くなら獣医師に診てもらう必要があります。

②声のトーンの変化

喪失感によって声のトーンが変化するペットもよく見受けられます。いつもは大きく甲高い声で吠えていたのに、喜びを表現するなどの意欲がなくなり、元気のないうめき声ばかり発することがあります。この兆候は一般的には自然となくなっていきますが、神経質な様子が続く場合は必ず獣医師に相談することをおすすめします。

③習慣の変化

悲嘆に暮れているペットの多くは、以前と同じ日常生活を送りたがらず、喪に服しているかのようにまったく新しい行動パターンをとることがあります。食事、睡眠、トイレの習慣が変わることはよくあることで、不規則な生活によって憂慮すべき異常がないかを注意深く観察する必要があります。

④性格の変化

飼い主を失うことで、多くのペットが以前とは異なる行動をとるようになります。その様子は、まったく新しい特徴をもったようにも感じられます。これまでとは違う刺激に興味を示したり、前よりも人に構ってもらいたがったり(あるいは構われるのを嫌がったり)、未知の人や動物との接触の仕方が変わったりします。このような変化が、その後のペットの性格にどのように影響するのか、注意深く観察する必要があるかもしれません。

⑤亡くなった飼い主を探し求める

ペットが亡き飼い主を常に探している様子がみられることもあります。恋しい存在を追い求める行動ですが、好きなにおいのする場所で眠ったり、ドアのそばで待っていたり、意味のある物にくっついたりします。

悲嘆に暮れるペットへのサポート

悲しみを示すペットをサポートするための最良の方法は、特別な配慮とケアを提供することです。方法はいくつも考えられますが、以下に代表的なものを紹介します。

①特別な配慮

私たちはペットと言葉による対話はできなくても、互いにボディランゲージを理解することができます。また、ペットのために多くの時間を割くといった、言語化できない配慮を示すこともできます。ペットと時間をかけてしっかりと向き合うことが、特別な配慮になります。

②日課の継続

ほとんどのペットは、日課に従っているとき最も安心します。以前からの日課を飼い主が亡くなった後も継続することは、大きな変化のなかにあっても平常心を保つうえで最適な方法です。そのペットの日課がわからない場合は、自然な行動を観察することでヒントをつかむことができます。特定の時間になるとお腹が空いたり、排泄のための散歩を要求したり、遊ぶために興奮したりしませんか？　それぞれの行動によって、ペットは自分の要求をはっきりと伝えているのかもしれません。

③楽しみの提供

悲しみから気をまぎらわせるには、好きな遊びなどで楽しむことが効果的です。散歩を楽しめるように工夫し、大好きなおもちゃやおやつをたくさん用意したりして、適度な刺激を与え、快適な生活を思い出させることも必要です。それらの活動は、新しい飼い主との絆を深めることにもつながります。また、以前からお世話になっているペットシッターやトリマーなどに会いに行くことも、ペットの心を充実させる手段として有効です。

愛する存在の遺体をみせる

すべての状況で実現できることではないかもしれませんが、亡くなった飼い主の遺体をみせることで、悲しみにあるペットも気持ちに区切りをつけることができるかもしれません。大好きだった飼い主にどうして会えないのかと混乱することなく、自分は捨てられたのではないという安心感を得ることもあるでしょう。

悲しみは成長の旅

飼い主を亡くしたばかりのペットをケアするときは、彼らがまったく新しい経験をしようとしていること、そして適応には時間がかかることを忘れてはなりません。サポートのために、好きなことや新しいことをさせようとしても、期待した反応を示さない可能性は十分にあります。亡き飼い主と特に密接な関係を築いてきたペットは、悲嘆から脱し、平常心を取り戻すのにより多くの時間が必要かもしれません。人であれ、ペットであれ、悲しみは魂の成長の旅であることを忘れるべきではありません。

同居ペットの死も悲しむのか

動物の多くは非常に強い絆を互いに結ぶことができます。それは数々の研究で示されている事実です。ペットも同様で、一緒に住んでいた仲間がいなくなると、深い喪失感を覚えることがあります。あまり仲がよさそうにみえなくても、離れ離れになると強いストレス反応を示します。実際、悲嘆に暮れるペットは、飼い主が経験するのと同じような多くの変化を示すのです。ひとりでの留守番や遊び、食事などのときに、間違いなく孤独や不安を感じます。落ち着きを失い、落ち込み、食欲不振や睡眠障害などに陥ることもあります。悲嘆に暮れるペットは、亡くなった仲間を探し求め、その喪失感から飼い主にもっと構ってほしいと切望するかもしれません。そのような悲しみを抱えるペットへのサポートとしては、主に以下のような対応が考えられます。

・可能なら、亡くなったペットをみせ、においを嗅がせる（死を認識させる）。
・以前からの日課を継続する。
・行動の変化を強化しない。
・遊びなどペットが好きな時間を増やす。
・幸福感を保てるように、よりたくさんの愛情を注ぐ。
・その他にもペットがいる場合は、新しい社会構造を自分たちで築けるようにする。ただし、新しい秩序を構築する際のケンカに注意する。
・寂しがるペットを元気づけるために新しいペットを迎えることは、飼い主の準備が整うまで控える。飼い主の心の準備ができていない限り、逆効果になることが多い。

12

ペットに遺産を残す方法

ここでは少し話題の幅を広げ、飼い主が先に亡くなるリスクへの備えとして、ペットに遺産を残すためのいくつかの方法を紹介します。

ペットへの愛が深く、わが子同然に育ててきた飼い主なら、ペットに遺産を残したいという気持ちになるかもしれません。海外では、ペットに莫大な遺産を相続させるという遺言書を作成し、実行されている事例もあるようです。しかし、日本では法律上、ペットには権利義務の主体となる資格や権利能力（たとえば銀行口座や不動産の保持など）が残念ながら存在しないため、遺産を相続させることはできません。飼い主が遺言書を作成し、銀行口座に入っているすべての預貯金をペットに相続させると記したとしても、ペットがそれを相続することはできず、預貯金は法定相続人の遺産分割協議の対象となります。

ただし、残していくペットに何もできないわけではなく、たとえば以下のような仕組みを利用することは可能です。

負担付遺贈

負担付遺贈とは、受贈者（遺言書によって遺産の受取人と指定された人）に対し、遺産を受け取る代わりに何らかの義務や負担を課す（条件をつける）ことです。たとえば、「残されたペットの飼養を引き継ぐ代わりに、預貯金〇〇万円を遺贈する」という内容で遺言書を作成することができます。かなり慎重な人選が必要ではあるものの、家族や親戚以外を受贈者とすることも可能です。この負担付遺贈を利用すれば、飼い主の遺産を間接的にペットに与えることができるのです。当然、受贈者には法的な義務（この場合、ペットの継続的な飼養義務）が生じます。

受贈者候補が条件を実行することが無理であれば、そもそも負担付遺贈は成立しませんが、負担付遺贈を成立させる場合も、条件の認識に食い違いが発生しないように十分に注意しなければなりません。つまり、飼い主は生前に法律の専門家にチェックしてもらいながら、受贈者と条件について具体的に話し合い、内容を詰めることが大事です。さらに、受贈者が負担の約束（継続的な適正飼養）を守るために、監督者として遺言執行者を決めておくことも重要です（多くの場合、遺言者が遺言書において指定する）。

また、他の遺産相続人に対し、その負担付遺贈の条件を文書でわかりやすく説明し、受贈者が義務付けられたペットの飼養についての役割と責任について、十分に理解しておいてもらうことも大切です。

負担付死因贈与契約

負担付死因贈与契約とは、贈与をする人が受贈者に何らかの義務や負担を課すことができるもので、死因贈与契約に負担が付いた契約です。死因贈与契約とは、贈与する人と、受贈者との合意内容を契約するもので、贈与者の死亡によって効力が発生します。つまり、飼い主と受贈者が合意のもとで交わす契約であり、どちらか一方の意思だけでは契約内容の破棄や変更はできません。双方の話し合いにより、飼い主が亡くなった後のペットの引き渡しや飼養方法（ペットの預け先などを含む）、ペットが亡くなったときの取り決め、対価として受け取る財産などの内容を決めます。負担付死因贈与契約についても、法律の専門家のチェックのもとに契約書を作成することが一般的です。

ペット信託

負担付遺贈と負担付死因贈与契約は、飼い主の死後のペットの生活に備える準備ですが、受贈者が事故や病気などさまざまな理由でペットの飼養を継続することが難しくなった場合のことも考え、ペット信託の利用も選択肢に入れておきましょう。信託契約とは、ある目的を達成するため、信頼できる人に財産の管理や運用を託す契約のことですが、それをペットの継続的な飼養に応用できます。

たとえば、「ペットの継続的な飼養のために、信託銀行に預けている財産を飼養の報酬として○○（受託者）が受け取ってよい。飼養にかかる費用についても財産から支払う」と、一定の目的のためにその財産を管理させるように決めることで、信託契約書に記載された人（受託者）が信託銀行の預金を報酬として受け取りながら、契約に基づいてペットの飼養を継続することができます。もちろん、ペットの世話を継続的に行っていることが、お金を受け取れる条件になりますから、受託者がペットの世話をしない（できない）なら、その遺産を使うことはできなくなります。なお、ペット信託の契約にあたっても法律の専門家のチェックを受ける必要があります。

第3章

Eternal bond

ペットの命に向き合う スピリチュアルケア （命のケア）

1 スピリチュアルケア（命のケア）とは

「スピリチュアルケア（命のケア）」とは、ペットが亡くなった後に行う心のケアです。魂となったペットの命や、新たに迎える命に向き合う行程を指します。スピリチュアルとありますが、これは宗教的な意味合いというよりは、自然のなかで続いてきた命の循環を指します。このケアは、ペットとの思い出を大切にしながら、同時に前を向いて生きていく力を与えてくれるものです。

ペットとの絆を新たなかたちで継続する

スピリチュアルケアは、ペットの存在がかたちを変えて続いているという考え方を核とします。具体的には、命の永続性を信じ、ペットとの愛の絆は不滅であると認識することが大切です。また、深い悲しみを自然なプロセスとして受け入れ、それが深い愛の証であると捉えます。ペットとの生活でもらい受けた愛情や経験について考えていくことが大切です。

スピリチュアルケアの考え方を深めるためには、まず身近な人たちとペットについて話すことから始めるのがよいでしょう。家族や友人、ペットを知る人たちと思い出を共有することで、ペットの存在が自分のなかで生き続けていることを実感できます。周囲に話せる人がいない場合は、ペットロスのサポートグループやオンラインコミュニティに参加するのもよい方法です。同じ経験をした人たちと交流することで、自分の感情を整理し、新たな気づきを得ることができるかもしれません。

次に、ペットのことを思い出す時間をもつことが大切です。グリーフケアでもふれた祝別式は、ペットとの思い出を大切にし、その存在を敬うよい機会となります。家族や親しい人たちと集まり、ペットの写真を飾り、思い出を語り合うことで、ペットの存在がみんなの心のなかに生き続けていることを実感できるでしょう。

その後、定期的にお墓参りをすることも、スピリチュアルケアの一環となります。お墓の前で静かに過ごし、ペットとの日々を振り返ることで、心の整理ができます。お花を供えたり、ペットが好きだったおやつを置いたりすることで、ペットの存在をより身近に感じることができるでしょう。

お墓参りが難しい場合には、写真を見返したり、ペットの好きだったおもちゃに触れたり、思い出の場所を訪れたりするだけでも、十分にペットとの絆を感じ直すことができます。詳しくは後で述べますが、ペットのことを思い出すときには呼吸を意識し、しっかり心を開いて、ペットとのつながりを感じてみてください。すでに肉体はそこになかったとしても、ペットの命そのものを感じられるはずです。

ペットと過ごした日々で得た経験や知識に気づくことができるのも、スピリチュアルケアの大切な要素のひとつです。ペットから学んだ愛情の深さや忍耐強さ、生命力といった大切な教訓が、自分のなかに息づいていることに気がつくでしょう。そして、これらの気づきは、いつか新しい命を迎える準備へとつながっていきます。

スピリチュアルケアは、ペットとの絆を新たなかたちで継続し、その存在を心のなかで生かし続けるためのプロセスです。このプロセスを通じて、私たちは徐々に心の平安を取り戻し、ペットから受け継いだ愛と知恵を、次の命へとつなげていくことができるのです。

2 スピリチュアルケアの目的

スピリチュアルケアの主な目的は、命のつながりへの意識を高め、新しい命を迎え入れるための準備をすることです。ペットを失った悲しみを乗りこえ、やがては新たな命との出会いに心を開くことができるようサポートすることが、トライアングルケアのゴールとなります。

深刻なスピリチュアルペイン

このプロセスを妨げる大きな障壁として「スピリチュアルペイン」があります。スピリチュアルペインとは、長年飼い主の心の支えだったペットがいなくなることで、飼い主自身の存在価値が大きく揺らいでしまうことを指します。ペットの存在は、多くの飼い主にとって想像以上に大きなものです。日々の生活の中心であり、喜びや癒しの源であり、ときには生きる目的にもなっています。

スピリチュアルペイン

生きる意味・目的・価値の喪失	ペットがいなくなった今、私の人生は私自身や家族にとって何の意味があるのだろう
苦難の意味	なぜこんなに苦しまなければならないのか
死後の世界	また会いたい／ペットの魂はどうなるのだろう／死んだらどうなるのか／死ぬのが怖い／自分も一緒に逝きたい
反省・悔い・後悔・自責の念・罪責感	あのとき、ああしておけばよかった／迷惑をかけて申し訳ない／本当に私がいけなかった
超越者への怒り	神様、なぜこの子を見捨てるのですか
赦《ゆる》し	どうしたらペットロスの苦しみから抜け出せるのか

心の支えが揺らぎ、崩れ、自己を喪失し、生きる意味や目的が見出せない全存在的苦痛。

そのペットを失うことで、飼い主は自分の生活の意味や目的さえも見失ってしまうのです。「あの子の存在がこんなに大きいと思わなかった」と気づき、何も手につかなくなったり、ペットとの思い出の品に触れることさえつらくなったりします。それはまるで心に大きな穴が空いたかのような感覚です。

ペットを失った深い喪失感と、それに伴う自己の欠損が、スピリチュアルペインの本質です。この痛みはたんなる悲しみを超えて、自分自身のアイデンティティや人生の意味までも揺るがす深刻なものとなりえます。このスピリチュアルペインから抜け出すための取り組みが、スピリチュアルケアなのです。

スピリチュアルペインを癒す方法

スピリチュアルペインを癒すためには段階的なケアが必要です。まずは、ペットを失ったという事実を受け止めることが大切です。そして、ペットを失ったことで、自分がどのように変わってしまったかを把握する必要があります。ペットを失った悲しみとしっかり向き合い、ペットの存在の大きさを感じましょう。

悲しみがあまりにも深い場合には、専門家のカウンセリングを受けることから始めてもよいでしょう。ひとりで考え込んでいると、どうしても悲しみばかりに目が向き、ペットの存在のありがたさに気づけないことがあります。家族と話したり、ペットロスのサポートグループを頼ったりするのもよいかもしれません。

悲しみが少し癒えたなら、日常を取り戻していきましょう。もちろん、ペットの存在を忘れる必要はありません。仏壇にお花を供えたり、ペットが好きだった場所に行ったり、いろんな場面でペットのことをたくさん思い出しながら、自身の体のケアにも気を配るようにしてみてください。十分な睡眠や健康的な食事、適度な運動は、心身の回復を助けてくれます。ターミナルケアからペットの介助にかけていた時間を自分のために使って、悲しみという傷を負った自分自身を癒してあげるのです。

そして、心の安定をある程度取り戻すことができたなら、新しい趣味や活動を始めることを検討しましょう。これは自分の存在意義を再確認し、生活に新しい意味を見出すきっかけとなります。新たなペットを迎え入れることも、心の穴を埋めるひとつの手段となるでしょう。ただ、心の穴が埋まったからといって、亡くなったペットがいなくなるわけではありません。彼らはあなたの一部となって、新しいペットを見守ってくれます。

時間をかけて自分自身を大切にしながら進んでいくことで、やがて新たな命との出会いに向けて心を開くことができるようになるのです。これは自身が癒されるだけでなく、ペットの魂がひとつ上の段階へと進化したことでもあります。ペットの魂は死んだ後も、ずっと飼い主のそばで成長と進化を続けているのです。

3 死を「魂の成長と進化」と捉える

ペットの死は飼い主にとってはあまりにも悲しく、心に穴が開いてしまったような喪失感をもたらします。しかし、死を喪失や終わりとして捉えるのではなく、魂の成長と進化のプロセスであるという視点をもつことで、悲しみから新たな希望を見出す方向に進むことができます。これが、スピリチュアルケアの核心です。

魂が肉体から解放されることは苦痛からの解放を意味します。ペットたちは魂という本来の姿に戻ることで、肉体の苦しみから解放され、楽になると考えられています。病気や老いによる痛みや苦しみなどがなくなり、魂は自由になれるのです。

解放された魂は私たちのすぐそばにある

解放された魂は、生前のお気に入りのご飯を思いっきり食べたり、好きなだけ遊んだりして過ごすことができます。また、先に旅立った他の動物や大切だった人とも自由に会う

虹の橋の向こう側で痛みや苦しみから解放された魂

ことができるようになります。ペットを失った人がよく使う言葉である「虹の橋」という言葉もこの象徴です。虹の橋の向こう側では、ペットたちは痛みや苦しみから解放され、他の動物たちと楽しく過ごしている、そのように考えると悲しみが少し軽くなります。

そして、ときどきペットたちは虹の橋から飼い主の様子をみるために帰ってくるのかもしれません。お気に入りだったおもちゃがなぜか床に落ちていたり、声が聞こえたような気がしたり、ふとした瞬間に亡くなったペットの気配を感じることはないでしょうか。

さらに新しく迎えたペットが不思議な行動をとることもあります。動物たちは、人間よりも自然と近く、私たちには感知しがたい特別な能力をもっているのです。たとえば、新しく迎え入れたペットが、亡くなったペットの仏壇に向かって鳴いたり、前のペットのお気に入りのおもちゃをもってきたりすることがありますが、これは前にいたペットの魂を感じ取っているのかもしれません。亡くなったペットの存在が、実は私たちのすぐそばにあることを伝えてくれているのです。

解放された魂は私たちのすぐそばにある
新しく迎えたペットが亡くなったペットのおもちゃをもってくる行動は魂を感じている表れかもしれない。

ポジティブな状態で魂とつながっていく

人が動物のように魂の存在とつながりたい場合には、オレンジ色のオーラをもつとよいと言われています。オレンジはポジティブな色です。悲しみに明け暮れるのではなく、自分を大事にしてポジティブな状態でいる方が、ペットの魂とつながりやすいと考えられています。悲しんでいると感情が内向きになってしまい、ペットの魂の存在を感じ取ることができないのです。

ペットの存在をさまざまなかたちでイ

メージすることは、深い悲しみのなかにある飼い主に希望と慰めを与えてくれます。理屈では説明できない不思議な現象が起こったとしても、無理にその理由を考える必要はないのです。大切なのは、あなたとペットとの絆が死によって完全に断ち切られるわけではないと感じることです。これまでペットと築いてきた絆はかたちを変えて続いています。

ときにはペットがそばに寄り添ってくれているかもしれません。このように信じることで、心の平安を得ることができるのです。ペットの魂とこれまで築いてきた絆は、ペットの肉体がなくなっても決してなくなりはしないと心で感じることが、スピリチュアルケアの本質なのです。

4 猫は天使で犬は神

動物には自然とつながる不思議な能力が備わっていますが、ここでは閑話休題として、世界各地に伝わる動物への信仰についてお話ししていきましょう。

人と動物の関係は古代から続いており、多くの文化で動物は神聖なものとして扱われてきました。特に古くから人の近くにいた犬と猫は特別な存在だったようです。たとえば猫は、その優雅さと神秘的なふるまいから「天使」と呼ばれることがあります。人々はときに、スピリチュアルなメッセージを伝えるために猫が現れると信じています。「黒猫が横切ると不吉なことが起こる」「猫が顔を洗うと雨がふる」「猫がくしゃみすると幸運が訪れる」といった言い伝えを聞いたことがあるでしょう。なかには猫の姿をした天使に出会ったり、亡くなった最愛の猫が守護神となった姿を目にしたりといった逸話もあります。

一方、「ドッグ・イズ・ゴッド（犬は神である）」という表現があります。これはDOGとGODが逆から読んだら同じ綴りになることから生まれた言葉遊びですが、同時に犬と

古代エジプト神話に登場するアヌビス神（イメージ）
黒いジャッカルのような頭をもつ人間の姿などで描かれている。
出典：tada/PIXTA（ピクスタ）

豊穣の女神バステト（イメージ）
古代エジプトの人々にとって猫が神のようにありがたい存在だったことがわかる。
出典：miki/PIXTA（ピクスタ）

人の深い絆を表現しているとも言えるでしょう。古代エジプトでは実際に犬が神格化されていました。たとえば、アヌビス神は古代エジプト神話に登場する冥界の神で、黒いジャッカルのような頭をもつ人間の姿、あるいは黒いジャッカルの姿で描かれていました。アヌビス神は神聖な死者の霊を守り導くとされ、多くの古代エジプト人は犬を敬っていたとされています。

さらに、古代エジプトでは、猫も神格化されていました。豊穣の女神バステトは、猫の姿をもつ神です。実際、収穫した作物をネズミから守るために飼育されていた猫は、当時の人々にとって神のようにありがたい存在だったに違いありません。家庭で飼われている猫もバステト神と同じくらい大事にされていて、猫が死んだときには家族みんなが眉を剃り、深い悲しみと敬意を示していたと言います。

古代から変わらない普遍的な願い

愛するペットの死後も、古代エジプト人は深い敬意を払い続けました。死後の世界で愛するペットと再会できるという信念に基づいて、犬や猫のミイラがつくられることもあったようです。また、ペットが亡くなった後も、ミルクや食べものをお供えする習慣がありました。これは現代の私たちがペットのお墓に好物を供える行為に通じるものがあります。

これらの古代からの例は、人とペットの絆が時代を超えて普遍的なものであることを示しています。古代の人々もまた、私たちと同じように、ペットを大切な存在として愛し、その死を深く悼んでいたのです。彼らはさまざまな方法で、ペットとの絆を表現し、その死後も関係を続けようとしていました。

このような歴史からもわかるように、私たちの感情は決して特別なものではありません。ペットを失った悲しみや、その存在を永遠に記憶に留めたいという思いは、古代から変わらない人間の願いなのです。

5

マキアの呼吸で心をオープンに

ペットの死後、不思議な現象でペットの存在を感じる人がいる一方で、どうしてもペットの魂を感じることができないという人もいるかもしれません。そういった人には、心を落ち着けて黙祷することをおすすめします。黙祷は、虹の橋を渡った愛するペットに思いを馳せる大切な時間です。

黙祷の際に効果的なのが、ハワイに伝わる「マキアの呼吸法」です。これは心を開放する呼吸法で、ピラティスやヨガの技法に似ています。マキアの呼吸法によって、自分の心を静め、リセットすることができるのです。マキアの呼吸法は、たんなるリラクゼーション技法ではなく、自らの心を開き、あらゆるエネルギーと精神的なつながりを感じるための手段としても行われます。特に、亡くなったペットの魂とつながりたいと思う人にとって有効な方法かもしれません。

マキアの呼吸法の実践

ペットの魂とのつながりを感じたい場合、マキアの呼吸法を以下のような流れで実践してみてください。

①静かで落ち着ける場所を選ぶ（ペットが好きだった場所、思い出の場所でもよい）。
②リラックスした姿勢で座るか横になる。両手を外側にして胸を開き、気の流れを感じやすい姿勢をとる。
③マキアの呼吸法を始める。肩の力を抜いて、ゆっくりと3秒かけて息を吸う。
④5秒間息を止めて、心のなかのわだかまりを意識する。同時に、ペットの姿や思い出を心に浮かべる。
⑤7秒かけてゆっくりと息を吐き出す。このとき、ペットの魂とつながる意図をもちながら、心のなかで語りかける。
⑥この呼吸法を数回繰り返す。呼吸法を続けながら、ペットの魂からの何らかの感覚やメッセージを受け取るために静かに待つ。
⑦利き手の中指から養生の気を吸って、反対の手の中指から滞った気を出すイメージをもつと、さらに効果的。

【動画】
https://petsaver.jp/video/makia.mov

マキアの呼吸法

自らの心を開き、あらゆるエネルギーと精神的なつながりを感じるための呼吸法。

※解説動画を閲覧いただけます。QR コードをスマートフォンやタブレット端末のカメラ（バーコードリーダー）で読み取ってください。QR コードが読み取れない場合、またはパソコンなどで閲覧する場合はブラウザにアドレスを入力してください。

マキアの呼吸法の特徴は、一定のリズムで深くゆっくりと呼吸することです。この意識的な呼吸により、心身のリラックスやストレス軽減、集中力の向上などの効果が期待できます。このプロセスで、必ずしも明確な結果が得られるわけではありません。しかし、この実践自体が心を落ち着け、ペットとの思い出を大切にする時間となるでしょう。ポジティブな気持ちで臨むことが大切です。

マキアの呼吸法によって心が落ち着き、さまざまなものに対して開かれた状態になります。悲しみや不安などの感情に支配されていると、亡くなったペットの存在を感じることが難しくなります。しかし、この呼吸法で心を落ち着かせることで、より穏やかな気持ちのもと、亡きペットのことを思い出したり、その魂の存在を感じたりすることができるかもしれません。

ハワイのシャーマンたちは、古くからこの呼吸法を儀式の際に用いてきました。彼らは意識的に呼吸することで、自然との調和を図り、より深い精神状態に入ることができると信じてきたのです。この実践は、人と自然、そして目にみえない世界とのつながりを強める手段として重要視されてきました。

マキアの呼吸法を通じて心を開くことで、私たちは亡くなったペットとの新たなつながりを感じ、その存在を心のなかで生かし続けることができるかもしれません。それは、ペットを失った悲しみを受け入れ、新たなかたちで絆を感じるきっかけとなるはずです。少しでもよいので、定期的にペットのことだけを考える黙祷の時間をとってみてください。最初は何も感じることができなくても、きっといつの日か亡くなったペットが見守ってくれていることを感じる日が来ます。

6

ペットの魂を送り出す祝別式

第2章でもふれた祝別式ですが、ここではよりスピリチュアルな側面に焦点を当て、ペットの魂を送り出す儀式としての意味合いを深く掘り下げていきます。

祝別式は、ペットとの別れをたんなる悲しみの記憶とするのではなく、ともに過ごした幸せな時間や数々の思い出を心に刻む機会です。同時に、スピリチュアルな観点からみてみると、ペットの魂が新たな段階へ進んでいくことを祝福する意味ももっています。

ハワイの伝統では、太陽と魂の関係性が重要視されています。たとえば、サンセットウエディングでは、日が沈むもとで過去のネガティブな思い出を太陽に預け、翌朝から夫婦としての新しい人生を始めるという考え方があります。祝別式もこの考えを取り入れ、太陽の動きと連動して執り行われます。ペットの魂を太陽に送り出し、翌朝その魂が新たなかたちで戻ってくることを祝うのです。

祝別式の準備（時間と場所）

まずは日時と場所を設定します。夕日が魂を送り出す大切な要素ですから、始める時間は日没の1時間前が望ましいでしょう。場所は、ペットが好きだった所、家族の思い出などから選びます。ハワイでは夕日が沈む海辺で行うことも多々あります。次に、家族の涙で骨壷を清めます。悲しみの涙は祝別の儀式において最も神聖な聖水です。また、お棺に入れる手紙、写真、花、ペットの愛用品などの捧げ物を用意しましょう。

式次第

祝別式は場の浄化から始まります。空気の入れ替えや静かな音楽を流すなどして、穏やかな雰囲気をつくりましょう。開式の言葉と黙祷で参加者全員の心を整えます。このとき、マキアの呼吸法を行うと、参加者全員の気持ちが合わさり、より深い精神状態に入ることができます。次に、飼い主が代表して挨拶し、参列者への感謝の言葉とともにペットの魂のための祈りを捧げます。その後は参加者たちにもペットの思い出を語ってもらうとよいでしょう。

最後に、日没直前にペットの魂を西の空へ送り出します。この瞬間、参加者全員で静かに祈りを捧げ、ペットの新たな旅立ちを祝福します。

レセプション

式の後のレセプション（歓待）は、悲しみを和らげ、感謝の気持ちを共有する大切な時間です。参加者全員で軽食をともにしながら、ペットとの楽しかった思い出をさらに語り合います。この時間を通じて、悲しみだけでなく、ペットとの生活で得た喜びや学びを再確認できます。この機会に集合写真を撮ったり、ビデオメッセージを残したりするのもよいでしょう。これらは後々、ペットとの思い出を振り返る大切な記録となります。レセプションは形式にこだわらず、和やかな雰囲気で行うことが大切です。

祝迎の儀式

翌朝の日の出時に行う祝迎の儀式は、ペットの魂を新たなかたちで迎え入れる重要なプロセスです。ペットのお気に入りの場所や、普段いた場所で行いましょう。日の出とともに、ペットの名前を呼び、声をかけます。「○○（ペットの名前）、おはよう。これからも一緒だよ」などと語りかけてみてください。この儀式を通じて、ペットの魂が新たなかたちで家族の元に戻ってきたことを実感できます。

祝別式

準備	日没の１時間前に開始／ゆかりの場所を選ぶ
式次第	場の浄化／心の整頓／祈り／感謝／魂の送り出し
レセプション	感謝の気持ちの共有／喜びや学びの再確認／思い出の記録
祝迎	日の出とともに開始／ペットの魂を新たなかたちで迎え入れる

祝別式によって、ペットの魂が新たな段階へと進んでいくことを実感し、その魂の成長と解放を祝福する気持ちになれる。

思い出以上の価値をもたらす祝別式

祝別式によって、ペットの魂が新たな段階へと進んでいくことを実感し、受け入れることができます。この儀式を通じて、飼い主は悲しみだけでなく、ペットの魂の成長と解放を祝福する気持ちをもつことができるようになるはずです。そして、生前のペットを知る人たちと話すことで、ペットと暮らした日々で得た素晴らしい経験をあらためて実感することができます。ペットとの日常で学んだこと、感じたこと、成長したことなど、かけがえのない経験の数々が、この時間を通じて鮮明によみがえってくるでしょう。

これらの貴重な経験は、たんなる思い出以上の価値があります。ペットとの別れを乗りこえ、新たな命との出会いに向かう際、大きな力となるのです。

7

ペットと過ごした日々で得られるもの

実は、ペットと暮らす何気ない日々には計り知れないほど大きな学びがあります。その最も大切なものは、命の尊さへの深い理解と、限りない愛情、そして強い絆です。小さな命が私たちに寄り添い、無条件の愛を注いでくれるという体験は、私たちに命の大切さを教えてくれるのです。ペットとの絆は、ときに言葉では表現できないほど深く、強いものとなります。

悲しみの先に新しい人生の扉がある

看取りの経験はつらいものですが、死や命について考える機会を与えてくれます。大切な存在を失う悲しみ、寂しさ、ときには絶望感さえも味わうかもしれません。しかし、その痛みを乗りこえることで、私たちは新しい人生の扉を開くことができるのです。別れの経験は決して無駄ではありません。その経験があるからこそ、私たちは命の尊さをより深く実感し、今この瞬間を大切に生きようと思えるのです。

ペットから学ぶのは、愛情だけではありません。責任感、忍耐、思いやり、そして無条件の受容。これらすべてが、ペットとの生活を通して私たちの心に刻まれていきます。もちろんときには困難な局面もあるでしょう。しかし、それによって病気や怪我の対処など具体的な知識もたまっていきます。経済的な負担、時間的な制約などペットと暮らすために必要な要素も身をもって学ぶでしょう。これらの経験を通して、私たちはより強く、より優しくなることができます。ペットとの絆は、私たちの社会的つながりも広げてくれます。信頼できる動物病院スタッフ、心強いペットシッター、トリマーなどはもちろん、散歩中の交流やＳＮＳへの投稿などを通じて一生の友人を得ることもあるのです。ペットを介して築かれるこれらの関係は、私たちの人生をより豊かにしてくれます。

ペットロスは確かにつらい経験です。しかし、必ず乗りこえられます。ペットを通して学んだ愛情、絆、思い出。それらを胸に、これからも生きていってください。そして、新たなペットを迎える機会がもしあれば、これらの貴重な経験を活かし、さらに深い愛情と理解をもって接することができるでしょう。ペットとの生活は、私たちに「生きる」ことの本質を教えてくれます。それはときに喜びであり、ときに悲しみです。そのすべてが私たちを成長させ、より豊かな人生へと導いてくれるのです。

8

旅立ったペットは飼い主に何を望むか

ペットを亡くしたとき、悲しみのあまりネガティブな感情に覆いつくされそうになります。「もっと一緒にいてあげられたら」「あの治療を試しておけば」「私も一緒に死んでしまいたい」など考えだしたら止まらず、気持ちをどうしても切り替えられないこともあるでしょう。

そんなとき、おすすめなのが逆の立場になって考えてみることです。飼い主であるあなたが先に亡くなり、ペットを残していくことになったときのことを想像してみてください。魂となったあなたは、残されたペットに対しどう思うでしょうか。ペットにいつまでも自分を失った悲しみやつらさを感じていてほしいでしょうか？　おそらく、そうは思わないはずです。同じように、旅立ったペットも、飼い主がずっと悲しみや苦しみを感じ続けることを望んでいません。ましてや、後を追ってほしいなど思うはずもないのです。むしろ、悲しみを乗りこえて、再び幸せになってほしいと願っているに違いありません。

ペットの魂を常に身近に感じる

とはいえ、旅立ったペットは、死んだ後も飼い主の近くにいたいと願い、常に身近に感じてほしいと思っているかもしれません。この気持ちに応える方法として、アルバムやメモリアルグッズの作成があります。遺骨や写真をアクセサリーにして身に着けると、いつも一緒にいるような気持ちになることができるでしょう。また、写真立てやアルバムを見返しながら家族や友人と思い出を共有することで、ペットをより身近に感じることができます。

さらに、スピリチュアルな視点から、ペットの魂とのコミュニケーションを試みる方法もあります。朝起きたときのあいさつや、ふと不安が襲ってきたときなどに、ペットの魂に話しかけてみましょう。ペットの返事が聞こえなくても、あなたの声はきっとペットの魂に届いています。

ただ、このように亡くなったペットと心を通わせていると、新しいペットを迎えることに罪悪感を抱いてしまうかもしれません。しかし、ペットの魂の視点から考えると、新しいペットを迎えることに対して、決して否定的ではないはずです。亡くなったペットは、飼い主の幸せを何よりも願っているからです。そもそも新しいペットを迎えることは、亡くなったペットへの愛情を忘れることではありません。それは愛情をさらに広げる行為であり、亡くなったペットへの感謝の気持ちを抱き続けながら、前向きに生きるための一歩なのです。

スピリチュアルな観点からは、ペットの魂は永遠であり、常に飼い主を見守っていると考えられています。新しいペットとの出会いも、亡くなったペットの魂が導いてくれた新たな縁かもしれません。

ペットの魂を身近に感じる

家族みんなが集まる部屋に写真を飾ったり、遺骨や写真をアクセサリーにして身に着けると、いつも一緒の気持ちになることができる。たとえば、写真立てに話しかければ、きっとその声はペットの魂に届くだろう。

9 新たなペットを迎えるという命のつながり

ペットが亡くなった喪失感を埋めてくれるのは、やはりペットです。多くの飼い主が新たなペットを迎えることで立ち直っています。新しい命との触れ合いが、心の癒しにつながるのです。

ただし、新たな命を迎えることは、亡くなったペットの「代わり」をみつけることではありません。各々は唯一無二の存在であり、互いに取って代わることはできないのです。次のペットは、新たな家族の一員として、独自の個性と魅力をもった存在として受け入れなければなりません。

これまでの経験で培ったものをそのペットに注いでいると、きっとたびたび亡くなったペットのことを思い出します。そして、この思い出を新たなペットと共有することも、家族としての一体感を育むよい方法となります。新しく迎えたペットに亡くなったペットのエピソードを話すことで、亡くなったペットの性格や特技、楽しい思い出を伝えることができます。これは、新たなペットとの絆を深めると同時に、亡くなったペットの存在を身近に感じる機会にもなります。

また、亡くなったペットのお気に入りだったおもちゃやベッドを使ってもらうのもよいでしょう。亡くなったペットと新しく迎えたペットが直接顔を合わせることはなくても、そのぬくもりが伝わり、家族のつながりを感じることができます。同じものを使うことで、亡くなったペットとの絆が受け継がれる感覚をもつことができるでしょう。

新たにペットを迎えることで、亡くなったペットとの絆もより深まっていく

笑顔と幸せが旅立ったペットへの最高の贈り物

亡くなったペットとよく行った公園や散歩コース、あるいはおでかけ先などに新しく迎えたペットを連れて行くことも、思い出を大切にする方法のひとつです。新たなペットと一緒に過ごすことで、亡くなったペットとの思い出を再確認しつつ、新しい思い出もつ

くっていくことができます。
新たにペットを迎えることで、亡くなったペットとの絆もより深まっていくのです。大切なのは、亡くなったペットへの愛情と感謝の気持ちを忘れずに、その思い出を胸に抱きながら、新しい生活を歩んでいくことです。それこそが、旅立ったペットが本当に望んでいることなのではないでしょうか。
どんなペットも飼い主の幸せを何より願っているのです。悲しみを乗りこえ、再び笑顔で生きていくこと。それが、旅立ったペットへの最高の贈り物となるのです。

付録

「トライアングルケア講習会」に参加して

ここでは、著者が講師を務めている「トライアングルケア講習会」（日本国際動物救命救急協会主催）の参加者からいただいた感想やメッセージを紹介します。深い悲しみを抱いていた人がどのようにそれに向き合い、新たな一歩を踏み出そうとしているのか、いろいろなことを感じ取ってもらえればと思います。

「ペットの命と生きていることを学びました」

私は小学生の頃から犬や猫がまわりにいる環境で育ちました。学校でいじめられたときや友人とケンカしたとき、親から怒られたとき、好きな人ができたとき、受験勉強のとき、いつも私に寄り添ってくれて、心の支えになってくれたのはペットたちでした。彼らがいつもそばにいたから乗りこえてこられたし、頑張れたと思っています。今回、トライアングルケア講習会を受講して、同じグループの方々もやはり一緒に暮らしていたペットたちにどれだけ救われたかをあらためて感じていました。

そして、彼らが終末期を迎えたときにお世話させていただいた経験は感謝行動であり、幸せを感じたり、旅立ったときの悲しみとまた姿を変えて会いに来てくれると信じていることなども深く共感しました。具体的かつわかりやすい説明で、心が軽くなったのと同時に命との向き合い方を学び、参加者の方々とのハンカチを握りしめながらの話し合いによって、とても意味のある講習会となりました。また、参加したいと思います。ありがとうございました。

「自分に合った命の捉え方と向き合い方を学びました」

実は大学で臨床心理学を専攻しており、動物は飼ったこともありません。今回、この講習会に参加したのは、「動物に対する死生観」について誰かと真剣に話してみたいと強く思ったからです。インターネット上などに、宗教を前提とした人の死生観についての論文的なものはいくつかありますが、動物に対する死生観について日本語で書かれたものはほとんど存在しません。ペットの命の終わりに対する向き合い方や死生観は国や文化、宗教などによって違うことなども、この講習会に参加しなければ実感することはなかったと思います。もちろん、死生観について正解を求めたわけではなく、自分に合った純粋な命の捉え方と向き合い方を探すための気づきときっかけづくりとして非常に参考になりました。いつか動物と暮らしてみたいと思います。ありがとうございました。

「魂となった命や新しい命に対する向き合い方やケアって新鮮で素敵」

生まれて初めて「魂」の存在を感じました。また、命↓魂↓命という生死魂の連鎖やそれらのプロセスで起こること、悲しみや喜びなどの心の変化や反応、目の前で起こり続ける現実の捉え方、またそれぞれの意味も個人によって大きく異なり、どれだけ予測して準備していても悲しみは予防できないことを知ることができました。

そのとき、自分がどうなるかなんて誰にもわからないと思いますが、だからこそ、大切な瞬間に真摯に向き合うために準備しておくべきであり、そういう時間をもつことは無駄になることはないと強く思いました。大切な存在が元気なうちに家族と話し合ってみたいと思います。ありがとうございました。

「涙は聖水って、その通りだと感じました」

飼い主がいつかは必ず遭遇するペットとの別れのプロセスに対し「もっと、こうしてあげればよかった」と後悔することをいかになくすか、落ち着いて考えるよい機会になりました。そのときを迎えるための飼い主やその家族の心構えはもちろん、処置管理などについても学ぶことができ、すばらしい内容でした。課題については、体験の共有についてグループディスカッションもあり、それぞれ過去の思いと愛があふれ、みなさん、もってきたティッシュを全部使い切るくらい心から温かい涙があふれていました。

特に「涙は聖水です」というサニー先生の牧師時代の話や、その聖水を用いて棺のなかのペットや骨壺を清めたり、祝別の手紙の最後に涙の拇印を押すことで、尊厳や愛を表すことができることなども、しっかりと覚えておきたいと思いました。

参加者の方々の発表を聞いていると、みなさん、ご家族であるペットを大切に思ってている優しい気持ちが伝わってきて、きっと一緒に住んでいるペットたちはみんな幸せに生活しているんだろうなと思うと、温かい気持ちになりました。

具体的な介助・介護・看取りの体験を聞かせていただき、今後に生かせる学びも多く、家族にも共有して、生かしていきたいと深く実感しました。本当にありがとうございました。この講習会で出会ったご縁に心から感謝申し上げます。

追伸　サニー先生は、見た目は迫力があるというか、きっと数々の消防活動現場で多くの命と向き合ってきた方なんだろうなって思いましたが、話し方や受け答えがとても優しく、気さくでわかりやすく、親しみやすさを感じました。そして、みなさんの大切な家族たちが1日でも長く一緒に幸せな時間をともにしながら、笑顔で過ごせますように、という心温まる祈りのようなエネルギーも伝わってきました。年に1度は再受講したいと思っています。

「自分を責め続けることから目覚めました」

私の不注意によって、夕方の散歩中に交通事故で2才のダックスフンド（オス）を失いました。里親施設から迎えてたった2週間のことです。ペットが用を足すのに電柱を回ってしまい、絡まったときにリードを持ち替えたときの一瞬の出来事だったのですが、後ろから来たバイクを避けようとして車道に出てしまい、車にひかれてしまいました。一瞬の出来事でどうしてよいかわからず、血まみれでグッタリとしたペットを抱いて、家族の車で動物病院に搬送しましたが、多発外傷による轢死と診断されました。

たった2週間でしたが、家族で迎えたときの喜びと嬉しさは何ものにも代えがたく、特に2才の娘はぬいぐるみを抱くようにして毎日一緒に過ごしていましたので、ペットが旅立ったことを理解できず、動物病院から帰ってもいつものようにペットの名前を呼んで遊ぼうとしていました。

私の不注意で突然ペットを失ったことで「あのとき、散歩コースを変えていたら」「もっとしっかりとコントロールしていたら」「私の所に来なければ、もっと長生きできたはず」など、ずっと自分を責め続けていましたが、今回、講習を受けて、「ペットは短い間でも十分に愛を受け取っていた」「飼い主を恨んだり、悪く思ったりはしない」ことを自分のなかで整理して受け入れたことで、心が軽くなり、その子への「祝別の手紙」を書いて、自分を責め続けるのではなく、心を入れ替えて、新しい子を迎えようと思うようになれました。

きっと旅立った子も、私が新しいペットを迎え入れて、幸せになることを望んでいると思います。この講習を受けて本当によかったです。ありがとうございました。

おわりに

本書の執筆を進めているとき、これまで出会ってきたペットとその飼い主たちの顔が次々と浮かんできました。私もこれまで多くのペットと同じ時間を過ごし、そして別れを経験してきました。喜びに満ちた出会いから、避けられない別れまで、そのすべての瞬間が私たちの人生にかけがえのない意味をもたらしてくれることを、あらためて強く感じています。

ペットとの別れは、確かに深い悲しみをもたらします。でも、その経験を乗りこえ、一緒に過ごした幸せな時間に感謝することで、私たちはより豊かな心をもつ人間になれるのだと信じています。本書のなかで、死はペットの魂が成長することだと書きましたが、私たち飼い主もまたペットの死を乗りこえて、次のステージへと歩を進めることができるのです。本書のテーマであるトライアングルケアは、そんなみなさんの心の成長を支えるためのものです。

私はハワイのマウイ島での日々を通して、ペットの死に関する考え方が大きく変わりました。シャーマンたちから学んだ命の循環や魂のケアについての知恵は、今でも私の活動の根幹となっています。本書に込めた思いの多くは、そこから生まれたと言っても過言ではありません。

ペットとの絆は、死によって消えてなくなるものではありません。かたちを変えて、私たちの心のなかで生き続けていくのです。だからこそ、最期の時間をどう過ごし、その先の悲しみとどのように向き合っていくかが大切になります。確かな心構えがあれば、最期の時間を有意義に過ごすことができるでしょうし、ペットが亡くなった後も、自身とペットが奮闘してきた日々を前向きに受け止めることができるはずです。

本書を手に取ったみなさんのなかには、ペットロスを経験された人もいれば、ペットロスが近づいている人、今はまだペットが健康で楽しい日々を送っているものの、いつかの別れが不安な人など、さまざまだと思います。たとえどのタイミングで出会ったとしても、本書がみなさんとペットとの大切な時間のなかで、お役に立てることを信じています。そして、みなさんがペットと築く幸せな日々が少しでも長く続くことを願っていますが、たとえ別れのときが来ても、その愛情が永遠に続くことをどうか忘れないでください。

さて、この一文の次のページに「新しく迎えるペットへの手紙」のスペースを設けました。それぞれのタイミングで結構ですので、みなさんの心からのメッセージをそこに記してください。その意味については、本書を読み終えたみなさんなら、すでに十分にわかっているはずです。

末筆にはなりますが、本書の制作にあたりお世話になった方々に感謝の意を表したいと思います。帯には、吉本ばななさんに温かいメッセージを寄せていただきました。ご多忙をきわめるなか快くご対応いただいた、その厚い友情に心から感謝いたします。また、本書の原稿をまとめるにあたっては、岩﨑はるかさんに多大なるご尽力をいただき、ありがとうございました。さらに、素敵なイラストを描いてくださったヨギトモコさんにもお礼を申し上げます。そして、前書『ペットの命を守る本』『エキゾチックペットの命を守る本』に引き続き、すばらしい一冊に仕上げていただいた緑書房のみなさまに深謝いたします。

ペットとの絆がより深まり、みなさんの人生がさらに豊かなものになりますように。

２０２４年盛夏

一般社団法人 日本国際動物救命救急協会　代表理事　サニー カミヤ

新しく迎えるペットへの手紙

悲観状態を卒業し、機が熟したら、次に迎えるペットや今一緒に住んでいるペットに伝えたいメッセージ（約束したいことなど）を自由に書いてみてください。

「トライアングルケア講習会」とは

一般社団法人日本国際動物救命救急協会が全国各地で実施している講習会。ペットの命が虹の橋を渡るプロセスにおいて起こるペットと飼い主双方の精神的・身体的負担を具体的に理解しながら、ペットの苦痛を可能な限り軽減し、飼い主の悲観による生活の質の低下を予防することを追求するとともに、ペットとの別れに苦しむ人に寄り添うための心得なども学ぶことができる。座学に加え、ワークショップも交えながら、参加者同士が悲哀や孤独感を分かち合い、新しい命を迎えるためのきっかけづくりも目指している。主な受講者は飼い主および動物事業関係者。受講者には、同協会から修了証として「ターミナルケアラー：終末期ケア士」「グリーフケアラー：祝別ケア士」「スピリチュアルケアラー：命のケア士」が授与される。

〈講習内容〉

①ターミナルケアラー（終末期ケア士）

- テーマ…命の終末に向かうペットと家族への段階的なさまざまなケア
- 内　容…悲観の種類について／離別体験リスク／離別後の飼い主（家族）の感情／ターミナルケアとは／終末介護などの体験の共有／ヒーリングタッチの効果と生理的連鎖など

②グリーフケアラー（祝別ケア士）

- テーマ…命の終末を迎えたペットと家族の準備と心のケア
- 内　容…悲観の４つの課題と直面する問題の洗い出し／身近なグリーフケアの仕組み／身近なグリーフケアの準備と手順・心の変化／祝別の手紙／ご遺体の管理／公的手続き／悲嘆のプロセスなど

③スピリチュアルケアラー（命のケア士）

- テーマ…魂となった命や新しい命に対する向き合い方やケア
- 内　容…命への配慮／新しい家族への手紙／祝別式の準備と手順（無宗教式の例）／旅立ったペットへの気持ちの共有／ペットの飼育経験から学ぶ命の尊厳など

「トライアングルケア講習会」ならびに、同協会が主催する「ペットセーバー講習会」「エキゾチックペットセーバー講習会」の開催情報などは下記の公式サイトで確認できる。

「トライアングルケア講習会」「ペットセーバー講習会」
（https://petsaver.jp）

「エキゾチックペットセーバー講習会」
（https://exoticpetsaver.com）

著者

サニー カミヤ (Sunny Kamiya)

一般社団法人日本国際動物救命救急協会代表理事／一般社団法人日本防災教育訓練センター代表理事

1962年福岡県生まれ。福岡市消防局のレスキュー隊小隊長を務めた後、国際緊急援助隊員、ニューヨーク州救急隊員として活動。人命救助者数は1,500名以上を数える。アメリカに22年在住し、ハワイのマウイ島で牧師を務めた経験もある。現在はアメリカ国籍。2013年より再び活動拠点を日本に移し、リスク・危機管理、防災、防犯、各種テロ対策コンサルタントなどの活動を行う。さらには「助かる命を助けるために」をテーマに、ペットの救命救急法（ペットセーバープログラム、エキゾチックペットセーバープログラム）の講習を日本全国で展開。ペットの飼い主や消防士などに、日常事故や自然災害時における実践的な動物愛護と保護に向けた取り組み、および飼い主とペットの「生命・身体・財産・生活・自由」を守るための防災教育の普及活動を行っている。また、2023年より「トライアングルケア講習会」を実施し、ペットの命が虹の橋を渡るまでのプロセスにおける、ペットと飼い主への総合的なケアについての啓発活動を展開している。NHK「逆転人生」などメディア出演多数。著書に『ペットの命を守る本：もしもに備える救急ガイド』（緑書房）、『エキゾチックペットの命を守る本：もしもに備える救急ガイド』（同）、『台風や地震から身を守ろう：国際レスキュー隊サニーさんが教えてくれたこと』、『けがや熱中症から身を守ろう：同』、『交通事故や火事から身を守ろう：同』（いずれも評論社）。

第1～3章内イラスト … ヨギ トモコ（Tomoko Yogi）

ペットの命と生きる本

ペットロスを乗りこえるための
トライアングルケア

2024年9月20日　第1刷発行

著　者…………………… サニー カミヤ
発行者…………………… 森田浩平
発行所…………………… 株式会社 緑書房
〒103-0004
東京都中央区東日本橋3丁目4番14号
TEL　03-6833-0560
https://www.midorishobo.co.jp

編　集…………………… 池田俊之、鈴木日南子
編集協力………………… 岩﨑はるか
組　版…………………… 泉沢弘介
印刷所…………………… シナノグラフィックス

ISBN978-4-89531-994-2　Printed in Japan

落丁、乱丁本は弊社送料負担にてお取り替えいたします。